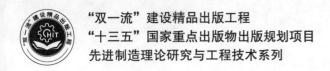

"双一流"建设精品出版工程

"十三五"国家重点出版物出版规划项目

先进制造理论研究与工程技术系列

电路实验教程

EXPERIMENTAL COURSE OF ELECTRIC CIRCUIT

王 灿 吴 屏 主编

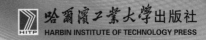

哈尔滨工业大学出版社

HARBIN INSTITUTE OF TECHNOLOGY PRESS

内 容 简 介

本书从基本的电路元器件介绍到电路综合设计实验,系统地介绍了电路实验中所必备的元器件知识、理论知识、测量知识以及常用实验仪器设备的使用方法。实验内容由浅入深,逐步覆盖电路理论课程中的知识要点。

本书的实验内容注重对学生基本电路实验素质的培养,让学生具备良好的系统观念、工程观念,提高学生动手解决实际问题的能力,同时,考虑到学生间的差异,又在此基础上,加以仿真实验及综合设计实验,旨在培养学生系统的科学思维与创新意识,为其今后更深入的科学研究和探索奠定基础,而且还能很好地体现因材施教与差异化教学的理念。

本书可作为高等院校电子与信息类、电气类、自动化类等专业的电路实验课程教材,也可供相关专业的技术人员参考。

图书在版编目(CIP)数据

电路实验教程/王灿,吴屏主编.—哈尔滨:哈尔滨工业大学出版社,2020.11(2023.1 重印)
(先进制造理论研究与工程技术系列)
ISBN 978-7-5603-9197-7

Ⅰ.①电⋯　Ⅱ.①王⋯　②吴⋯　Ⅲ.①电路-实验-高等学校-教材　Ⅳ.①TM13-33

中国版本图书馆 CIP 数据核字(2020)第 224205 号

策划编辑　王桂芝
责任编辑　王会丽　庞亭亭
出版发行　哈尔滨工业大学出版社
社　　址　哈尔滨市南岗区复华四道街 10 号　邮编150006
传　　真　0451-86414749
网　　址　http://hitpress.hit.edu.cn
印　　刷　黑龙江艺德印刷有限责任公司
开　　本　787 mm×1 092 mm　1/16　印张 10.25　字数 255 千字
版　　次　2020 年 11 月第 1 版　2023 年 1 月第 2 次印刷
书　　号　ISBN 978-7-5603-9197-7
定　　价　28.00 元

(如因印装质量问题影响阅读,我社负责调换)

前　言

随着教育改革的深入发展,实验教学越来越受到重视,这也是科学与技术发展以及市场经济对人才需求发生变化的必然结果。

电路实验课程是一门电气与电子信息类等专业的基础核心实验课程。通过学习本课程,学生能够巩固理论课程掌握的电路理论基本知识、电路分析计算的基本方法,能够掌握电路实验的基本技能,培养科学思维和分析、解决工程实际电路问题的基本能力和素质,为后续专业课程的学习打下坚实的理论基础。

本书在电路基础实验与基本电路仿真实验的基础上,加入了部分进阶的开放性综合设计实验,旨在进一步培养学生的科学思维和创新意识,使学生掌握实验研究的基本方法,提高学生的分析能力和创新能力,同时提高学生的科学素养,培养学生理论联系实际和实事求是的科学作风、认真严谨的科学态度、积极主动的探索精神,以及遵守纪律、团结协作、爱护公共财产的优良品德。通过学习本书,学生可为以后更深入的科学研究和科学探索实践打下坚实基础。

本书通过实验的方法,帮助学生理解电路的基本定律、定理、现象,掌握基本分析及基本的电工实验操作方法。本书主要包括4部分内容:①实验装置和设备的简要介绍;②电路的基础实验,如基尔霍夫定律验证与叠加原理验证,戴维南定理验证和有源一端口网络的研究,元器件参数测量,阻抗的串并混联,RC一阶电路响应与研究,二阶电路的响应研究,RLC元件的阻抗特性和谐振电路,RC选频网络特性,互感电路的测量等;③电路的仿真实验;④开放性综合设计实验。

感谢哈尔滨工业大学(深圳)王立欣教授、张东来教授、王毅教授等,他们严谨的治学态度和科学作风奠定了哈尔滨工业大学(深圳)电类基础教研室的教学传统,他们的教学经验为本书的编写提供了宝贵的意见。

本书在编写过程中还参阅了部分国内外优秀教材,也对这些教材的作者致以谢意。

参加编写工作以及为编写工作提供宝贵意见的人员还有:赵飞负责进行第3章实验四、实验五以及第4章实验七的修订;王丹丹负责进行第2章实验五和实验九的修订;邓灿负责进行图表编号校对及部分图表的绘制。

由于编者水平有限,书中难免存在疏漏及不足之处,恳请读者批评指正。

编　者

2020 年 6 月

目　　录

第1章

实验装置和设备

1.1　常用元器件

电路实验中的常用元器件分为有源元器件和无源元器件两种,常用无源元器件有:电阻器、电容器、电感器等;常用有源元器件有:二极管、集成运算放大器等。本章简要介绍电路实验中常用元器件的技术参数、种类、性能和规格,以及其合理选择和使用的方法。

一、电阻器

电阻器是电子整机中使用最多的基本元器件之一,从阻值方面可分为固定电阻器(电阻器)、可变电阻器(电位器)和特种电阻器三大类。电阻器在电路中用于稳定、调节、控制电压或电流的大小,起到限流、降压、偏置、取样、调节时间常数、抑制寄生振荡等作用。电阻器的主要技术指标包括标称阻值、额定功率和阻值精度(允许偏差)3 个,另外还有温度系数、非线性、噪声和极限电压等。

1.主要技术指标

(1)标称阻值是指电阻器表面上标注的阻值。在实际应用中,电阻的单位是欧姆(简称欧),用"Ω"表示。为了对不同阻值的电阻器进行标注,还常用千欧($k\Omega$)、兆欧($M\Omega$)等单位。其换算关系为:$1\ M\Omega = 1\ 000\ k\Omega$;$1\ k\Omega = 1\ 000\ \Omega$。

(2)额定功率是指电阻器在电路中长时间连续工作,不损坏或不显著改变其性能所允许消耗的最大功率。它并不是电阻器在电路中工作时一定要消耗的功率,而是电阻器在电路中工作时,允许消耗功率的限额。电阻器实质上是把吸收的电能转换成热能的换能元器件。电阻器在电路中消耗电能,并使自身的温度升高,其负荷能力取决于电阻器在长期稳定工作的情况下所允许发热的温度。在选择电阻器时,额定功率应选择其在电路中实际功耗的 1.5 ~ 2 倍。

(3)阻值精度(允许偏差)是指实际阻值与标称阻值的相对误差。电阻器的实际阻值不可能与标称阻值绝对相等,两者之间会存在一定的偏差,允许相对误差的范围称为允许偏差。允许偏差越小的电阻器,其阻值精度就越高,稳定性也越好,但其生产成本相对较高,价格也较贵。通常,普通电阻器的允许偏差可分为 ±5%、±10%、±20% 等,而高精度电阻器的允许偏差为 ±2%、±1%、±0.5%、…、±0.001% 等十多个等级。

2.电阻器的参数标注方法

电阻器在电路中的参数标注方法有 3 种,即直标法、数码标示法和色环标注法。

(1)直标法。直标法是将电阻器的标称阻值用数字和文字符号直接标在电阻体上,其允许偏差用百分数表示,未标偏差值的即为 ±20%。

（2）数码标示法。数码标示法主要用于贴片等小体积电阻器。在三位数码中,从左至右第一、第二位数表示有效数字,第三位数表示10的幂次。若用 R 表示则为0。如:472 表示 $47 \times 10^2\ \Omega$（即 4.7 kΩ）;$R22$ 表示 $0.22\ \Omega$。

（3）色环标注法。色环标注法使用最多,普通的色环电阻器用四环表示,精密电阻器用五环表示。紧靠电阻体一端头的色环为第一环,露着电阻体本色较多的另一端头为末环。现举例如下。

如果色环电阻器用 4 环表示,前面两环表示有效数字,第三环表示 10 的幂次,第四环表示色环电阻器的允许误差（图 1.1）。

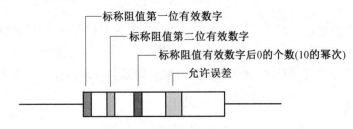

图 1.1　四色环电阻器示意图

如果色环电阻器用五环表示,前面三环表示有效数字,第四环表示 10 的幂次,第五环表示色环电阻器的允许误差（图 1.2）。

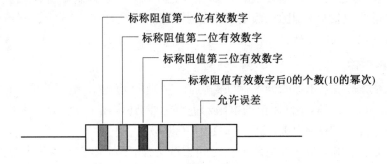

图 1.2　五色环电阻器（精密电阻器）示意图

各种颜色代表的具体含义见表 1.1 和表 1.2。

表 1.1　四色环含义

颜色	第一位有效数字	第二位有效数字	倍率	允许偏差
黑	0	0	10^0	—
棕	1	1	10^1	± 1%
红	2	2	10^2	± 2%
橙	3	3	10^3	—
黄	4	4	10^4	—
绿	5	5	10^5	± 0.5%
蓝	6	6	10^6	± 0.25%
紫	7	7	10^7	± 0.1%
灰	8	8	10^8	—

续表1.1

颜色	第一位有效数字	第二位有效数字	倍率	允许偏差
白	9	9	10^9	$-20\%~+50\%$
金	—	—	10^{-1}	$\pm5\%$
银	—	—	10^{-2}	$\pm10\%$
无色	—	—	—	$\pm20\%$

表1.2　五色环含义

颜色	第一位有效数字	第二位有效数字	第三位有效数字	倍率	允许偏差
黑	0	0	0	10^0	
棕	1	1	1	10^1	$\pm1\%$
红	2	2	2	10^2	$\pm2\%$
橙	3	3	3	10^3	—
黄	4	4	4	10^4	
绿	5	5	5	10^5	$\pm0.5\%$
蓝	6	6	6	10^6	±0.25
紫	7	7	7	10^7	$\pm0.1\%$
灰	8	8	8	10^8	—
白	9	9	9	10^9	$-20\%~+50\%$
金	—	—	—	10^{-1}	$\pm5\%$
银	—	—	—	10^{-2}	$\pm10\%$

3.常用的几种电阻器及其特点

（1）金属膜电阻器。金属膜电阻器温度系数小、稳定性好、噪声低、体积小,多用于对稳定性和可靠性有较高要求的电路中。

（2）碳膜电阻器。碳膜电阻器体积略大于金属膜电阻器,温度系数为负值,价格低廉,常在电子产品中大量使用。

（3）水泥电阻器。水泥电阻器耐震耐湿、温度系数小、耐大电流、耐热性优且散热良好,但体积较大,精密度不高,广泛应用于电源适配器、音响、电视机、汽车等设备中。

（4）贴片电阻器。贴片电阻器体积小、重量轻、稳定性好、耐潮湿和高温、温度系数小、高频特性优越,可大大节约电路空间成本,使设计更精细化,多用于高端计算机、高科技多媒体电子设备、通信设备及医疗设备中。

（5）可调电阻器(电位器)。其对外有三个引出端,其中两个为固定端,另一个为滑动端(中心抽头)。

图1.3 给出了几种常见的电阻器类型。

4.电阻器的合理选用

在选用电阻器时,不仅要求其各项参数符合电路的使用条件,还要考虑外形尺寸和价格等多方面的因素,仔细分析电路的具体要求。对于那些稳定性、耐热性、可靠性要求比较高的电路,应选用金属膜电阻器或金属氧化膜电阻器;如果电路要求功率大、耐热性能好,工作频率又不高,则可选用绕线电阻器;对于无特殊要求的一般电路,可使用碳膜电阻器,以便降低成本。

图 1.3　几种常见电阻器

二、电容器

电容器在各类电子线路中是必不可少的重要元器件,其主要物理特征是储存电荷,就像蓄电池一样可以充电和放电,部分种类的电容器区分极性。它在电路中的主要作用是滤波、耦合、延时等。电容器的主要技术指标包括标称容量及偏差、额定电压、温度系数、频率特性等。

1.主要技术指标

(1)标称容量及偏差。标称容量及偏差是指电容器上标注的容量值。电容器使用的单位是法拉(F)。由于 F 的单位太大,实际应用中多采用微法(μF)、纳法(nF)、皮法(pF)等单位。其换算关系为:$1\ F = 10^6\ \mu F$;$1\ \mu F = 10^3\ nF$;$1\ nF = 10^3\ pF$。电容器的容量偏差等级有许多种,一般偏差都比较大,均在 $\pm 5\%$ 以上,最大为 $-10\% \sim +100\%$。

*注:某些电容器的体积过小,在标注容量时常常只标数值不标单位符号,这就需要根据电容器的材料、外形尺寸、耐压等因素加以判断,以读出真正容量值。

(2)额定电压。额定电压是指电容器在电路中能够保证长期稳定、可靠工作而不被击穿所承受的最大电压,即电容器的耐压值。一般情况下,相同结构、介质的电容器耐压越高,体积也就越大。选用电容器时应注意,电容器的额定电压一般应高于其工作电压的 $1 \sim 2$ 倍。

(3)温度系数。温度系数是指在一定温度范围内,温度每变化 1 ℃ 电容量相对变化的值。温度系数越小的电容器质量越好。

(4)频率特性。频率特性是指电容器的电参数随电场频率变化而变化的特性。在高频条件下工作的电容器由于介电常数比低频时小,所以容量会相应减小,损耗也会随频率的升高而增加。另外,在高频工作时,电容器的极片电阻、引线和极片间的电阻、极片的自身电感、引线电感等分布参数都会影响电容器的性能,导致电容器的使用频率受到限制。不同品种电容器的使用频率不同,小型云母电容器的使用频率多低于 250 MHz,圆片型瓷介电容器的使用频率可达到 300 MHz,小型纸介电容器的使用频率约为 80 MHz。

2.电容器的参数标注方法

电容器的识别方法与电阻器的识别方法基本相同,分直标法、数标法和色标法 3 种。

(1)直标法是将电容器的标称容量用数字和单位在电容器的本体上表示出来。

(2)数标法(数字表示法)一般用三位数字表示容量的大小,前两位表示有效数字,第三位表示 10 的幂次,如 102 表示 $10 \times 10^2 = 1\ 000$ pF $= 1$ nF。

(3)色标法是用色环或色点表示电容器的主要参数。电容器的色标法与电阻器相同。

3.常用的几种电容器及其特点

电容器按照介电材质可以分成很多种:陶瓷电容器、铝电解电容器、云母电容器、纸介电容器、钽电解电容器、薄膜电容器等。应根据不同的应用电路、应用场合来选择合适的电容器。

一般来说,陶瓷电容器体积小、耐热性好、损耗小、绝缘电阻高,但容量小,适用于高频电路;铝电解电容器容量大,但是漏电大、稳定性差、有正负极性,适用于电源滤波或低频电路中,使用时,正、负极不能接反;云母电容器介质损耗小、绝缘电阻大、温度系数小,适用于高频电路中;纸介电容器体积较小,容量可以做得较大,但是固有电感和损耗比较大,适用于低频电路中;钽电解电容器体积小、容量大、性能稳定、寿命长、绝缘电阻大、温度性能好,适用于要求较高的设备中;薄膜电容器中的涤纶薄膜电容器介质常数较高、体积小、容量大、稳定性较好,适宜做旁路电容,而聚苯乙烯薄膜电容器介质损耗小、绝缘电阻高,但温度系数大,可用于高频电路。

电容器按照安装方式可以简单分为:贴片电容器、引线型电容器,螺栓型电容器。图1.4给出了几种常见的电容器。

图 1.4　几种常见电容器

电容器的种类繁多,性能各异,合理选用电容器对于产品设计十分重要。所谓合理选用,就是要在满足电容要求的前提下,综合考虑体积、质量、成本、可靠性等各方面的因素。为了合理选用电容器,应该广泛收集产品目录,及时掌握市场信息,熟悉各类电容器的性能特点,了解电路的使用条件和要求,以及每个电容器在电路中的作用。相关因素包括耐压、频率、容量、允许偏差、工作环境、体积、价格等。

一般来说,电路极间耦合多选用金属化纸介电容器或薄膜电容器;电源滤波和低频旁路宜选用铝电解电容器;高频电路和要求电容量稳定的地方应该用高频瓷介电容器、云母电容器等;如果使用中电容量要经常调整,可选用可调电容器。

三、电感器

电感器的应用范围很广泛,在调谐、振荡、耦合、匹配、滤波、延时、补偿等电路中都必不可少。电感器的主要技术指标包括电感量、品质因数、电感器的固有电容、额定电流等。电感器的等效电路如图 1.5 所示。

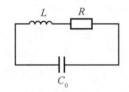

图 1.5　电感器的等效电路

1.主要技术指标

(1) 电感量。在没有非线性导磁物质存在的条件下,一个载流线圈的磁通量 φ 与线圈中的电流 I 成正比,其比例常数称为自感系数,用 L 表示,简称电感。电感的基本单位是亨利(H),实际工作中的常用单位有毫亨(mH)、微亨(μH) 和毫微亨(nH)。

(2) 品质因数(Q 值)。Q 值反映线圈损耗的大小,Q 值越高,损耗功率越小,电路效率越高,选择性越好。

(3) 电感器的固有电容。电感线圈的各匝绕组之间通过空气、绝缘层和骨架而存在分布电容。同时,在屏蔽罩之间、多层绕组的每层之间、绕组与底板之间也都存在分布电容。这样,电感器实际上可以等效成如图 1.5 所示的电路。图中的等效电容 C_0 就是电感器的固有电容。分布电容的存在使线圈的 Q 值减小,稳定性变差,且由于固有电容的存在,使线圈有一个固有频率或谐振频率,记为 f_0,其值为

$$f_0 = 1/(2\pi\sqrt{LC_0})$$

使用电感线圈时,应使其工作频率远低于线圈的固有频率。因而线圈的分布电容越小越好。

(4) 额定电流。额定电流指电感线圈中允许通过的最大电流。

2.常用的几种电感器及其特点

(1) 色码电感器。色码电感器是用绝缘导线一圈挨一圈地绕在纸筒或胶木骨架上,然后封装在环氧树脂中。这样的固定电感器通常用色码标注其电感量,外形与色环电阻器类

似。它具有体积小、质量轻、结构牢固、防潮性能好、安装方便等优点,常用在滤波、扼流、延迟等电路中。

（2）绕线电感器。绕线电感器是用金属漆包线与环形磁石自行绕制,一般无标记;也有将金属漆包线绕到工字形铁芯上,作为电源滤波用电感器。

（3）变压器。变压器也是一种电感器,由铁芯和线圈组成,线圈有两个或两个以上的绕组,其中接电源的绕组称初级线圈,其余的绕组称次级线圈。当初级线圈中通有交流电流时,铁芯中便产生交流磁通,使次级线圈中感应出电压（或电流）。变压器主要用于交流电压、电流或阻抗的变换,用来传递功率和缓冲隔离等,是电子整机中不可缺少的重要元器件之一。

图 1.6 展示了几种常见的电感器类型。

图 1.6　　几种常见电感器

3.电感器的参数标注方法

电感器的参数标注方法一般有直标法和色标法,色标法与电阻器类似。

四、二极管

二极管是由一个 PN 结加上相应的电极引线及管壳封装而成。二极管有两个电极——正极和负极,极性一般标识在二极管的外壳上,大多数用和器件本体不同颜色的环表示负极,有的直接标识"－"号。

由于二极管内部具有一个 PN 结,所以它的主要特性就是单向导电性。使用万用表二极管的挡位测试二极管时,如果将红色表笔接二极管的正极,黑色表笔接二极管的负极,显示电压为二极管的正向压降,如果是硅管,约为 0.5 ~ 0.7 V,如果是锗管,则为 0.2 ~ 0.3 V;如果将红色表笔接二极管的负极,黑色表笔接二极管的正极,显示为 O.L,代表不通,即反向不导通。此方法可用来检测二极管的好坏。

1.二极管的参数

(1)正向整流电流 I_F。正向整流电流 I_F 指在电阻负载条件下的单向脉动电流的平均值,一般手册给出额定的正向整流电流。不同型号的二极管,I_F 差别较大,从几毫安到几百安都有。

(2)最大峰值电流 I_{FSM}。最大峰值电流 I_{FSM} 指瞬时流过二极管的最大正向单次脉冲电流峰值。I_{FSM} 一般比 I_F 大几十倍。

(3)正向压降 U_F。正向压降 U_F 指通过指定的正向电流时,二极管的正向压降。U_F 反映了二极管正向导电时正向电阻的大小和损耗。

(4)反向电流 I_R(也称反向漏电流)。反向电流 I_R 指在二极管上加反向电压(不超过最高反向工作电压)时,流过二极管的电流。I_R 一般为微安级别。

(5)最高反向工作电压 U_{RM}(也称最大反向耐压)。最高反向工作电压 U_{RM} 指为防止击穿而规定的二极管反向电压极限值。

(6)反向恢复时间 t_{rr}。反向恢复时间 t_{rr} 指二极管承受反向电压,PN 结由导通到截止时需要的时间。对于开关型二极管,这个指标很重要。

2.常用的几种二极管及其特点

二极管的种类很多,按材料可分为硅管和锗管;按功能可分为普通二极管、整流二极管、稳压二极管、发光二极管、开关二极管、检波二极管等;按内部结构可分为点接触型、面接触型和硅平面型。

点接触型二极管工作频率高,但不能承受高电压和大电流,多用于检波、小电流整流、高频开关和信号转换的电路中;面接触型二极管的工作电流和电压都较大,适用于频率较低的整流、稳压、低频开关电路中。

图 1.7 为几种常见的二极管,从封装来看,有贴片型、直插型、大功率直插型;从内部集成 PN 结来看,有单结型,也有共阴极和共阳极的集成型。将两个二极管放在同一个封装下,可以保证内部两个管子的寄生参数较一致,这种方式多用于对称的、要求较高的电路中。

图 1.7　几种常见二极管

五、集成运算放大器

1.集成运算放大器的参数指标

集成运算放大器简称运放,其参数指标如下。

(1) 开环差模增益 A_{od}。集成运算放大器无外加反馈时的差模放大倍数称为开环差模增益。通常用分贝表示,写为 $20\lg|A_{od}|$。集成运算放大器的 A_{od} 一般在 10^5 dB 左右。

(2) 共模抑制比 K_{CMR}。共模抑制比等于差模放大倍数与共模放大倍数之比的绝对值,$K_{CMR} = |A_{od}/A_c|$,也常用分贝表示,写为 $20\lg K_{CMR}$。集成运算放大器的 K_{CMR} 一般大于 80 dB。

(3) 输入电阻 r_{id}。r_{id} 是集成运算放大器对输入差模信号的输入电阻。r_{id} 越大,信号源需要的电流越小。集成运算放大器的 r_{id} 一般大于 1 MΩ。

(4) 单位增益带宽 f_c。f_c 是使 A_{od} 下降到 0 dB 时的信号频率。

(5) 转换速率 SR(又称压摆率)。SR 是指在大信号的作用下输出电压在单位时间变化量的最大值,表示集成运算放大器对信号变化速率的跟踪能力,是衡量集成运算放大器在大幅度信号作用时工作速度的参数,常用每微秒输出电压变化多少伏来表示。

常见的集成运算放大器如图 1.8 所示。

图 1.8　常见集成运算放大器

2.常用的集成运算放大器分类及其特点

集成运算放大器的种类很多,按供电方式可分为双电源供电型和单电源供电型,在双电源供电型中又分为正、负电源对称型和不对称型;按内部结构和制造工艺可分为双极型、CMOS 型、Bi – JFET 型和 Bi – MOS 型;按工作原理可分为电压放大型、电流放大型、跨导放大型和互阻放大型。

在集成运算放大器选型时,一般按照功能可分以下几类。

(1) 通用型运算放大器。通用型运算放大器一般用于低频和信号变化缓慢的场合,常用的有 LM741、LM358、LF356 等。

(2) 高阻型运算放大器。高阻型运算放大器输入级多为 MOS 管,输入失调电压小,输入偏置电流小,适用于测量放大电路、信号发生电路或采样 – 保持电路中,常用的有 LF355、LF347、CA3130 等。

(3) 高精度型运算放大器。高精度型运算放大器具有低失调、低温漂、低噪声和高增益等特点。输入失调电压小,温度稳定性好,常用于精密仪器、弱信号检测电路中,常用的有 OP07、AD358、ICL7650 等。

(4) 高速型运算放大器。高速型运算放大器具有高转换速率、宽频率响应。带宽多在

10 MHz 以上,有的可高达千兆赫兹,转换速率大多为几百伏每微秒,有的高达几千伏每微秒。它常用于 A/D、D/A 视频放大器,锁相环电路等场合。

(5) 功率型运算放大器。功率型运算放大器用于输出高电压、大电流的场合,成本通常较高。

除此之外,还有很多集成运算放大器是为了完成特定的功能而生产的,如隔离放大器、缓冲放大器、对数/反对数放大器等。随着 EDA 技术的不断发展,人们也越来越倾向于定制化芯片,可以在一块芯片上通过编程的设计方法,实现对多路信号的各种处理。

1.2 电路实验装置

本电路实验中使用的电路实验装置由多个挂板组成,分为强电和弱电两个部分,其中也包括一些简单的测试仪表。重要的挂板介绍如下。

一、直流电压、电流表板

直流电压、电流表板如图 1.9 所示,面板各名称和功能说明如下。

(1) 直流电压、电流表板由一个直流电压表和一个直流电流表组成。

电压表:量程为 0 ~ 20 V;最大允许输入电压为 ±250 V。

电流表:量程为 0 ~ 200 mA;最大允许输入电流为 ±500 mA。

(2) 使用方法。通电后,用导线插入 V 和 mA 两端的插座引入电路中,即可作为直流电压表、直流电流表使用。

当最左位数字显示 1 或 −1 时,即表示所测的值已经超出其量程。

(3) 注意事项。实验过程中,切记不可将 L1 和 N 线接 380 V,否则将损坏仪表;不可将电压测试线接入电流表(mA) 两端,否则会损坏电流表;不可超出量程使用电压表、电流表。

二、灯泡负载板

灯泡负载板如图 1.10 所示,面板各名称和功能说明如下。

(1) 标准配置灯泡负载板采用螺口式灯座和 40 W 灯泡。

灯座:螺口式 E27;最大电压为 250 V;最大电流为 4 A;灯泡为 40 W;额定电压为 230 V;额定功率为 40 W。

(2) 使用说明。本实验装置配备了两块灯泡负载板。当供电电源为 220 V 时,可采用单个灯泡作为一组负载,这样灯泡两端的电压为 220 V。亦可采用两个灯泡串联作为一组负载(将两块灯泡负载板用短接桥连接,每两个灯泡为一组),这样每组串联灯泡两端的电压为 220 V,单个灯泡两端电压为 110 V,可大大提高灯泡的使用寿命。

当供电电源为 380 V 时,必须采用两个灯泡串联接法。每组串联灯泡两端的电压为 380 V,单个灯泡两端电压为 190 V。

(3) 注意事项。灯泡工作时会发热,实验中应避免触碰灯泡。

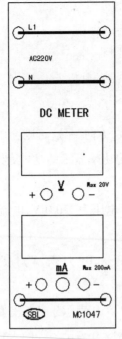
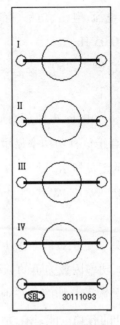

图 1.9　直流电压、电流表板　　　　图 1.10　灯泡负载板

三、单相电量仪

单相电量仪如图 1.11 所示,面板各名称和功能说明如下。

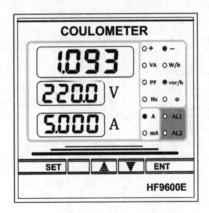

图 1.11　单相电量仪

（1）HF9600E 单相多功能智能网络电测仪表是一款具有测量、显示、数字通信、继电器输出、电能计量等功能的可编程电力仪表。仪表采用三排数码显示,可用于多种常用的电参量测量,如单相电压、电流、有功功率、无功功率、视在功率、功率因数、四象限角度以及电能计量。

电压额定值:AC 500 V；电流额定值:AC 5 A；电网信号频率:45 ～ 65 Hz。

工作电压:AC 85 ~ 265 V;DC 100 ~ 350 V。

仪表精度:电流、电压、功率、有功电能为 0.5 级。

频率精度:0.05 Hz。

四象限角度:0° ~ 360°。

(2)功能介绍。

① 要确保输入电压、电流相对应,相序一致,方向一致,否则会出现仪表的测量错误。

② 产品具有正负有功功率显示和正负无功功率显示的功能,当切换到功率界面,右侧的指示灯会显示正负指示。

图 1.11 中负号灯亮、W 灯亮、A 灯亮。表示电压为 220.0 V,电流为 5.000 A,无功功率为负的 1.093 var。

③ 功率因数显示正负值。图 1.12 中负号灯亮、PF 灯亮、A 灯亮。表示电压为 220.0 V,电流为 5.000 A,功率因数为负的 0.893。

④ 电力四象限图。如图 1.13 所示,其中 $P > 0$ 表示累计的有功电能是有功电能吸收;$P < 0$ 表示累计的有功电能是有功电能释放;$Q > 0$ 表示累计的无功电能是无功电能感性;$Q < 0$ 表示累计的无功电能是无功电能容性。

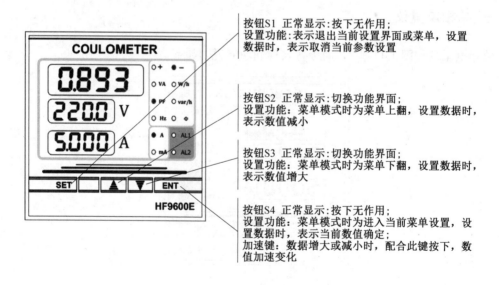

图 1.12　单相电量仪按键功能介绍

指示灯显示在"Φ",表示第一行显示角度数据。如图 1.12(c)显示的角度是 53°,表示设备工作在第一象限,即有功功率为正,无功功率同样是正值。

(3)操作说明。本产品前面板共有 4 个按钮,每一个按钮都具有两种功能,分别有正常使用的基本功能和进入设置界面的特殊功能。单相电量仪按键功能介绍如图 1.12 所示。

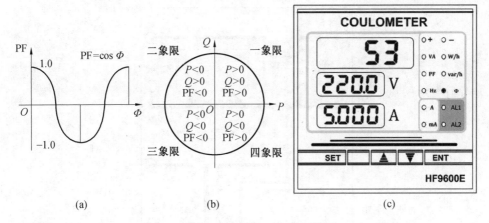

图 1.13   电力四象限图和单相电量仪显示

测量显示：

可测量电网中的电力参数有：相电压、电流、P（有功功率）、Q（无功功率）、PF（功率因数）、S（视在功率）、f（频率）以及有功电能、无功电能、Φ（四象限角度）。

单相电量仪显示测量的电量信息包括：U（电压）、I（电流）、P（有功功率）、PF（功率因数）、S（视在功率）、Q（无功功率）、Φ（四象限角度）。在非设定状态下，按"S2"或"S3"键可切换显示所有电量信息，当切换到"E_p"和"E_q"时，下面两排为有功电能及无功电能数据。除了"E_p"和"E_q"界面，其他界面电压和电流会同时显示。具体的功能切换如图 1.14 所示。

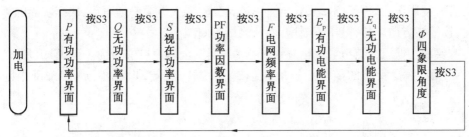

图 1.14   单相电量仪功能介绍

（4）注意事项。在实验电路连接中，此电量仪可作为标准交流电路测试表，其中，V 两边的插座连接电压回路，A 两边的插座连接电流回路，带"＊"的两个插座表示为同名端。要确保输入电压、电流相对应，相序一致，方向一致，否则会出现仪表的测量错误。

四、单相调压器板

单相调压器板如图 1.15 所示，面板各名称和功能说明如下。

（1）单相调压器板是由 500 W 单相调压器、80 W 隔离变压器、指针式交流电压表组成。

（2）技术参数。

① 调压器：额定功率为 500 W，最大电流为 2 A，输入电压为 220 V，输出电压为 0 ~ 250 V。

② 变压器：额定功率为 80 W，最大电流为 2 A，输入电压为 220 V，输出电压为 36 V。

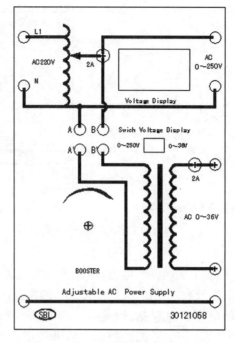

图 1.15　单相调压器板

③ 指针式交流电压表：双量程，交流 0 ~ 250 V/ 交流 0 ~ 50 V。

（3）操作使用。此单相调压器分为 0 ~ 250 V 档和 0 ~ 36 V 档。

当需要使用 0 ~ 250 V 档交流输出时，只需接通 L1、N 电源。通电后，根据实验的需要旋转旋钮，按箭头方向旋转，电压不断增大，反之则不断减小。

当需要使用低压交流电源输出 0 ~ 36 V 时，用安全型短接桥短接 A 和 A'、B 和 B'。接通 L1、N 电源，根据实验的需要旋转旋钮，按箭头方向旋转，电压不断增大，反之则不断减小。

（4）注意事项。

① L1、N 以及调压器的输出在 0 ~ 250 V 和 0 ~ 36 V 之间，不能短路。

② A、B 之间不能短路。

③ L1、N 上不能使用弱电导线，只能用强电导线。

④ 不可带电接线、改线。

五、日光灯镇流器和电容板

图 1.16 所示为日光灯镇流器和电容板的示意图，面板各名称和功能说明如下。

（1）该装置由日光灯镇流器、电容、灯座和日光灯管组成，同时必须配备一块日光灯开关板共同完成实验。

① 日光灯镇流器：额定电压为 220 V/50 Hz，额定电流为 0.37 A。

② 灯座：最大电压为 250 V，最大电流为 2.5 A。

③ CBB 电容：1 μF、2 μF、3.7 μF。

④ 日光灯管：20 W。

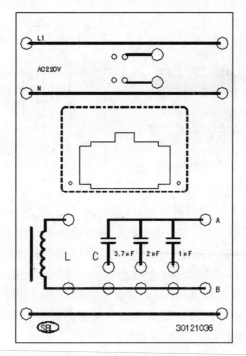

图 1.16   日光灯镇流器和电容板

（2）注意事项。

①L1 和 N 线不能短接。

②CBB 电容使用，不能超过工作电压 250 V$_{ac}$。

③电容不能直接并联在日光灯两端，会损坏启辉器。

六、电流插头、插座装置

在电路实验中常常需要测量多个电流，使用电流插头、插座可以快速测量多个电流。电流插头、插座的结构如图 1.17 和图 1.18 所示。

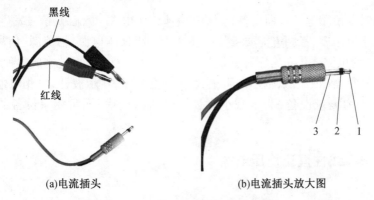

(a)电流插头   (b)电流插头放大图

图 1.17   电流插头的结构

1— 金属圆球；2— 绝缘层；3— 金属套筒

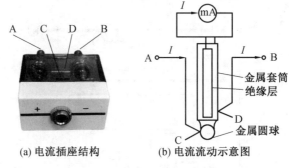

(a) 电流插座结构　　　　(b) 电流流动示意图

图 1.18　　电流插座的结构

图 1.17(a) 为电流插头结构示意图,圈内是电流插头,红黑导线是插头部分引出的两根导线。图 1.17(b) 为电流插头放大图,电流插头分别由金属圆球 1、绝缘层 2、金属套筒 3 组成,金属球和金属套筒又分别由图 1.17(a) 中的两根导线引出,接到电流表上。规定金属圆球为插头"＋"极,一般以红色线引出;金属套筒为插头"－"极,一般以黑色线引出。图 1.18(a) 为电流插座结构示意图,其中 A、B 是电流插座对外接线柱,一般 A 为红色接线柱或者标识为"＋"号,表明电流由此端流入;B 为黑色接线柱或者标识为"－"号,表明电流由此端流出;C、D 为插座中紧靠在一起的两个弹簧片。

当需要测量某一支路的电流时,将插头红色导线[图 1.17(a)]与所选定的直流电流表的"＋"相连;将插头的黑色导线[图 1.17(a)]与电流表的"－"相连。如图1.18(b) 所示,然后将电流插头插入电流插座,此时电流插座的两弹簧片连接,电流经 A → C → 电流表 → D → B 流出,达到测量支路直流电流的目的。

注意事项:

当测量的电流较大时(如几安),不建议采用电流插座,由于弹簧结构接触电阻较大,可能造成测试误差;在多次插拔时,电流插座的弹簧片容易失效,避免带电多次插拔。

1.3　常用仪器设备

电路实验需要使用电子仪器设备,主要有直流稳压电源、恒流源、信号发生器、交流电压表、示波器、数字万用表、三相电能质量分析仪等。直流稳压电源、恒流源、信号发生器属于电路中的"源",为电路提供正常工作的能量或激励信号,为了更好地完成这种功能,"源"的输出阻抗一般都很小(恒流源,输出内阻很大);交流电压表、示波器、三相电能质量分析仪和数字万用表等为测量设备,为了减小对被测电路的干扰,通常测量设备的输入阻抗都很大。

一、DP832A 线性直流稳压电源

1.面板说明

DP832A 线性直流稳压电源面板如图 1.19 所示,面板各名称和功能说明如下。

①LCD 显示:显示系统参数设置、输出状态、菜单选项以及提示信息。

②通道选择与输出开关:提供 3 路通道选择和输出。

③ 参数输入区：包括方向键（单位选择键）、数字键盘和旋钮。

④Preset：设置恢复出厂默认值。

⑤OK：确认参数设置。

⑥Back：删除当前光标前的字符。

⑦ 输出端子：3 个通道，每个通道有"+"和"-"，中间为 PE，不需要接。

⑧ 功能菜单区。

⑨ 显示模式切换／返回主界面。

⑩ 菜单键，对应显示器的菜单，按键选择。

⑪ 电源开关键。

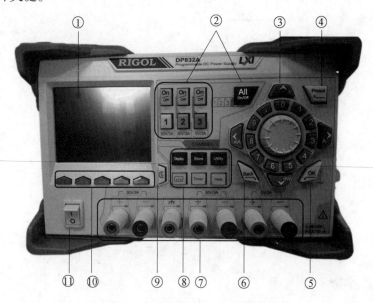

图 1.19　DP832A 线性直流稳压电源面板

2.操作说明

DP832A 电源提供如下三种输出模式：恒压输出（CV）、恒流输出（CC）和临界模式（UR）。在恒压输出模式下，输出电压等于电压设置值，输出电流由负载决定；在恒流输出模式下，输出电流等于电流设置值，输出电压由负载决定，实际上此为限流模式，不是真实的恒流模式；临界模式是介于恒压输出和恒流输出之间的临界模式。

（1）恒压输出。如图 1.20 所示，将负载和相应通道的前面板通道输出端子连接，打开电源开关，选择对应的通道，设置电压，设置过流保护，打开输出，用户界面将突出显示该通道的实际输出电压、电流、功率以及输出模式（CV）。

（2）电源串并联。串联两个或多个隔离通道可以提供更高的电压；并联两个或多个隔离通道可以提供更高的电流。

串联电源可以提供更高的输出电压，其输出电压是所有通道的输出电压之和。电源串联时，要为每个通道设置相同的电流设置值和过流保护值。两通道串联接线方式如图 1.21（a）所示。

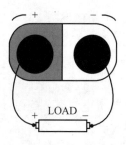

图 1.20　恒压输出

并联电源可以提供更高的输出电流,其输出电流是单个通道的输出电流之和。接线方式如图 1.21(b) 所示。

注意事项:

只有隔离通道可以串联或者并联;电源串并联,相应参数的设置必须符合安全要求;电源串联每个电源都应该为恒压输出,不能使用恒流输出模式;电流并联时有任意两个电源设置为恒压输出;注意接线的极性要正确。

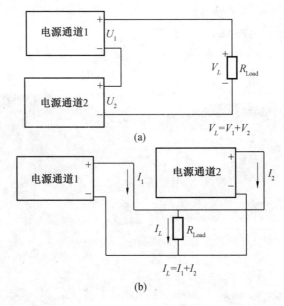

图 1.21　　电源串并联输出

3.使用注意事项

如果在恒压输出模式下,输出模式显示为"CC",则需要适当增大电流限定值,电源将自动切换为恒压输出模式,最大限流值为 3 A。

在恒流输出模式下,输出电流等于电流设置值,输出电压由负载决定,但实际上此为限流模式,电流和负载有关系,而不是真实的恒流模式。

二、SL1500 恒流源

1.面板说明

图 1.22 为 SL1500 恒流源示意图,面板各名称和功能说明如下。

①4 位显示数码管:输出状态下显示电压实际输出值,非输出状态下显示"CURR"。

②4 位显示数码管:输出状态下显示电流实际输出值,非输出状态下显示设定电流值。

③ 电流调节旋钮:调整恒流源输出电流设定值,步进为 0.1 mA,短按该按钮为控制恒流源输出。

④ 参考接地端子。

⑤ 输出"－":输出负极接线端子,表示电流从此端子流入恒流源。

⑥ 输出"＋":输出正极接线端子,表示电流从此端子流出到外电路。

⑦ 电源开关键。

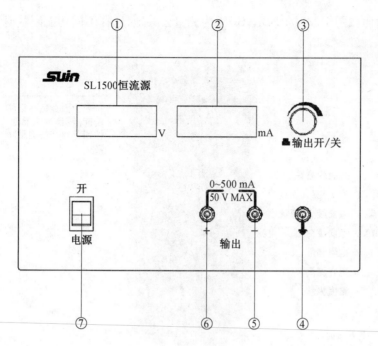

图 1.22　SL1500 恒流源

2.操作说明

打开电源开关后，恒流源开机，此时恒流源为非输出状态，数码管显示"【C】【U】【R】【R】XXX.X"，后四位数码管数值为预设电流值大小，确认电流值后，短按旋钮，即可打开输出。在输出状态下数码管显示"XX.XXXX.X"，前四位数码管显示实际输出的电压数值，后四位显示实际输出的电流数值。再次短按，恒流源进入非输出状态。

在非输出状态下，旋转旋钮，可调节预设电流大小，步进值为 0.1 mA，后四位数码管显示预设电流大小。最大可设定恒流输出 250 mA。

在输出状态下，旋转旋钮，可调节输出电流大小，步进值为 0.1 mA，后四位数码管显示实际电流大小。

3.使用注意事项

恒流源不能输出开路，当开路时，恒流源输出限定在 50 V 保护；当接负载后的实际输出电压大于 50 V 时，恒流源将进入恒压模式，不能起到恒流作用。

三、17B + 手持数字万用表

1.面板说明

手持数字万用表功能如图 1.23（a）所示，旋钮旋到 OFF，即为关闭表，当旋钮旋到对应的功能时，则可选择二极管测量、mA 交／直流电流测量、A 级交／直流电流测量、电阻测量、电容测量、温度测量等功能。

2.操作说明

接线时说明如图 1.23(b) 所示,COM 为测量公共地,选择不同功能测量时,接不同的红色插孔。

符号上面黄色标记的功能,需要按住黄色按钮进行切换测量功能

▸◂ ：二级管测量

$\widetilde{A}\ \overline{A}$：安级交/直流电流

$\widetilde{\mu A}\ \mu A$：微安级交/直流电流

$\widetilde{mA}\ mA$：毫安级交/直流电流

Ω ：电阻测量

⊣⊢ ：电容测量

▌ ：温度测量

(a)

① ② ③ ④

(b)

①：用于交流电流和直流电流（最大10 A）测量的输入端子。
②：用于交流电流和直流毫安、微安电流及频率测量的输入端子。
③：所有测量的公共返回端。
④：用于电压、电阻、通断性、二极管、电容、频率、占空比、温度和LED测试的输入端子。

图 1.23 17B + 手持数字万用表

3.使用注意事项

（1）测量电压、电流不能超过万用表允许的最大工作电压或者电流。

（2）测试电流时,应先选择合适的电流端口,优选安级电流测试端口,不允许外电路短路,导致电流过大。

（3）测试时,保证测试表笔和被测线路连接良好,防止测量误差。

四、TFG6940 信号发生器

1.面板说明

TFG6940 信号发生器如图 1.24 所示,面板各名称和功能说明如下。

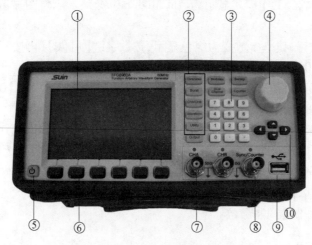

图 1.24　TFG6940 信号发生器

① 显示屏:显示两个通道的波形以及频率、幅值等信息。

② 功能键:配合 ⑥ 菜单软键使用,设置信号发生器的功能。

③ 数字键:设定频率、周期等参数的数值。

④ 调节旋钮。

⑤ 电源开关键。

⑥ 菜单软键:对应显示屏下方的功能选项操作。

⑦CHA、CHB 输出:接 BNC 线输出。

⑧ 同步输出／计数输入。

⑨U 盘插座。

⑩ 方向键:可以配合数字键使用。

2.操作说明

这里举例简述信号发生器的基本操作和简单功能,具体全部功能可见设备的操作手册。

（1）通道选择。按【CHA/CHB】键可以循环选择两个通道,被选中的通道,其通道名称、工作模式、输出波形和负载设置的字符变为绿色显示。使用菜单可以设置该通道的波形和参数,按【Output】键可以循环开通或关闭该通道的输出信号。

(2)波形选择。按【Waveform】键,显示出波形菜单,按[第 x 页]软键,可以循环显示出15 页 60 种波形。按菜单软键选中一种波形,波形名称会随之改变,在"连续"模式下,可以显示出波形示意图。按[返回]软键,恢复到当前菜单。

(3)频率设置。如果要将频率设置为 2.5 kHz,可按下列步骤:按[频率／周期]软键,频率参数变为绿色显示;按数字键【2】【·】【5】输入参数值,按[kHz]软键,绿色参数显示为2.500 000 kHz。

(4)幅度调制。如果要输出一个幅度调制波形,载波频率 10 kHz,调制深度 80%,调制频率 10 Hz,调制波形为三角波,可按下列步骤操作。

① 按【Modulate】键,默认选择频率调制模式,按[调制类型]软键,显示出调制类型菜单,按[幅度调制]软键,工作模式显示为 AM Modulation,波形示意图显示为调幅波形,同时显示出 AM 菜单。

② 按[频率]软键,频率参数变为绿色显示,按数字键【1】【0】,再按[kHz]软键,将载波频率设置为 10.000 00 kHz。

③ 按[调幅深度]软键,调制深度参数变为绿色显示,按数字键【8】【0】,再按[%]软键,将调制深度设置为 80%。

④ 按[调制频率]软键,调制频率参数变为绿色显示,按数字键【1】【0】,再按[Hz]软键,将调制频率设置为 10.000 00 Hz;按[调制波形]软键,调制波形参数变为绿色显示。

⑤ 按【Waveform】键,再按[锯齿波]软键,将调制波形设置为锯齿波。按[返回]软键,返回到幅度调制菜单;仪器按照设置的调制参数输出一个调幅波形,也可以使用旋钮和【<】【>】键连续调节各调制参数。

3.使用注意事项

(1)若使用功率输出,非信号输出,需要将前面板的信号输出通过双 BNC 的连接线接到后面板的 AMPLIFIER IN 接口,从 AMPLIFIER OUT 接口输出,且幅值是信号设定值幅值的2 倍;功率输出也是有限的,随着信号频率不同,输出功率下降。

(2)信号源输出不能短路。

五、SM2030A 交流电压表

1.面板说明

SM2030A 交流电压表如图 1.25 所示,面板各名称和功能说明如下。

①【ON/OFF】键:电源开关。

② ~ ③【Auto】键、【Manual】键:选择改变量程的方法——两键互锁。按下【Auto】键,切换到自动选择量程。在此功能下,当输入信号大于当前量程约 13% 时,自动加大量程;当输入信号小于当前量程约 10% 时,自动减小量程。按下【Manual】键切换到手动选择量程。若使用手动(Manual)量程,当输入信号大于当前量程的 13% 时,显示 OVLD,应加大量程;当输入信号小于当前量程的 8% 时,显示 LOWER,必须减小量程。手动量程的测量速度比自动量程快。

④ ~ ⑨【3 mV】键 ~【300 V】键:手动量程时切换并显示量程。六键互锁。

⑩ ~ ⑪【CH1】键、【CH2】键:选择输入通道,两键互锁。按下【CH1】键选择 CH1 通道;按下【CH2】键选择 CH2 通道。

⑫ ~ ⑭【dBV】键 ~【Vp－p】键:把测得的电压值用电压电平、功率电平和峰－峰值表示,三键互锁,再次按下按键,退出该功能。【dBV】键:电压电平键,0 dBV = 1 V;【dBm】键:功率电平键,0 dBm = 1 mW ,600 Ω;【Vp－p】键:显示峰－峰值。

⑮【Rel】键:归零键。记录"当前值"然后显示值变为:测得值－"当前值"。 显示有效值、峰－峰值时按归零键有效,再按一次退出。

⑯ ~ ⑰【L1】键、【L2】键:显示屏分为上、下两行,用【L1】键、【L2】键选择其中的一行,可对被选中的行进行输入通道、量程、显示单位的设置,两键互锁。

⑱【Rem】键:进入程控,再按一次退出程控。

⑲【Filter】键:开启滤波器功能,显示 5 位读数。

⑳【GND!】键:接大地功能。连续按键 2 次,仪器处于接地状态(在接地状态,输入信号切莫超过安全低电压! 谨防电击!),再按一次,仪器处于浮地状态。

㉑ ~ ㉒【CH1】键、【CH2】键:输入插座。

㉓ 显示屏:VFD 显示屏。

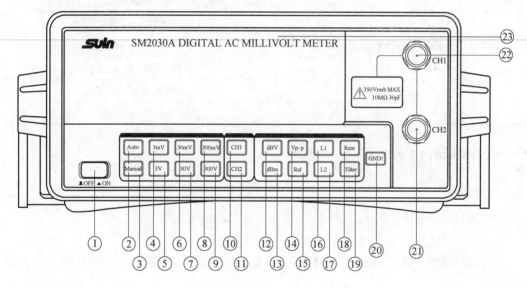

图 1.25　SM2030A 交流电压表

2.操作说明

(1)按下电源开关按钮,开机。

(2)按下【L1】键,选择显示器的第一行,设置第一行有关参数。

(3)用【CH1】键、【CH2】键选择向该行送显的输入通道。

(4)用【Auto】键、【Manual】键选择量程转换方法。

(5)使用手动(Manual)量程时,用【3 mV】~【300 V】键手动选择量程,并指示出选择的结果。使用自动(Auto)量程时,自动选择量程。

(6)用【dBV】键、【dBm】键、【Vp－p】键选择显示单位,默认的单位是有效值。

(7)按下【L2】键,选择显示器的第二行,按照和上述相同的方法设置第二行有关参数。

（8）SM2030A 系列有两个输入端，由 CH1 或 CH2 输入被测信号，也可由 CH1 和 CH2 同时输入两个被测信号。

3.使用注意事项

（1）注意交流电压的量程，不能超过设备的范围（具体范围见表1.3）。

表1.3　交流电压表量程

量程	频率	最大输入电压
3 ~ 300 V	5 Hz ~ 5 MHz	350 V_{rms}
3 ~ 300 mV	5 Hz ~ 5 MHz	350 V_{rms}
	1 ~ 10 kHz	35 V_{rms}
	10 kHz ~ 5 MHz	10 V_{rms}

（2）测试电压误差范围见表1.4。

表1.4　交流电压表误差范围

频率范围	电压测量误差
≥ 5 ~ 100 Hz	±2.5% 读数　±0.8% 量程
> 100 Hz ~ 500 kHz	±1.5% 读数　±0.5% 量程
> 500 kHz ~ 2 MHz	±2% 读数　±1% 量程
> 2 ~ 3 MHz	±3% 读数　±1% 量程
> 3 ~ 5 MHz	±4% 读数　±2% 量程

六、DSO2014A 示波器

1.面板说明

DSO2014A 示波器如图 1.26 所示，面板各名称和功能说明如下。

① 电源开关键：灯亮，即为打开电源；灯灭，即为关闭电源。

② 软键：软键功能根据显示屏中按键上方显示的菜单有所改变。左侧"Back"键为返回键。

③【Intensity】键：亮度键。按下该键后该键亮起，旋转 Entry 旋钮可调整波形亮度。

④【Entry】旋钮：旋钮上方的弯曲箭头变亮时，旋转旋钮从菜单中选择菜单项或更改值。

⑤ 工具键部分：【Utility】键为系统设置键；【Quick Action】键为可执行打印、保存、调用等操作的快捷键；【Analyze】键可访问分析功能；【Wave Gen】键为波形发生器功能键。

⑥ 触发控制区域：【Trigger】键可用来选择触发类型和触发源等，触发电平旋钮可调整所选模拟通道的触发电平；【Force Trigger】键是强制触发键，按下该键可在未触发时采集和显示数据；【Mode/Coupling】键为模式／耦合键，可以设置影响所有触发类型的选项。

⑦ 水平控制区域：Horizontal 旋钮为水平定标旋钮，调整水平每大格代表的时间；标有左右三角形（◄►）的旋钮为水平位置旋钮；【Horiz】键是水平键，可选择 XY 和滚动模式，启

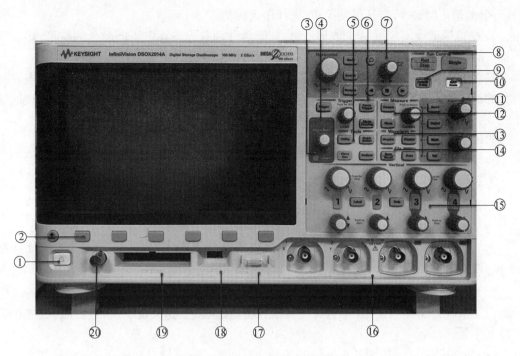

图 1.26　DSO2014A 示波器

用或禁用缩放,启用或禁用水平时间／格微调,以及选择触发时间参考点;放大镜按键为缩放键;【Navigate】键为导航键,示波器停止时可实现波形自动左右移动。

⑧ 运行控制部分:【Run/Stop】键是运行／停止键,显示绿色时表示示波器正在运行,正在采集数据,按下按键显示红色时表示停止采集数据;【Single】键为单次触发键,用来捕获并显示单次采集。

⑨【Default Setup】键:按下后可恢复示波器的出厂设置。

⑩【Auto Scale】键:可自动调整已打开的通道的波形。

⑪ 其他波形控制键:【Serial】是串行键,【Digital】键是数字键,暂未启用该功能;【Math】键是数学键,可用于访问数学波形函数;【Ref】键是参考键,可用于访问参考波形函数。

⑫ 测量控制区域:Cursors 旋钮为光标旋钮,可用于光标项的选择及光标位置的调整;【Cursors】键是光标键,配合软键对应的菜单选择光标模式、源和光标;【Meas】键是测量键,配合软键菜单完成测试通道、测试类型的选择及测量值的添加和删除。

⑬ 波形相关键:【Acquire】键为采集键,可选择采集模式;【Display】键为显示键,可调整显示网格亮度、设置或清除余晖等。

⑭ 文件相关按键:【Save/Recall】键可保存或调用波形或设置;【打印】键可设置打印配置菜单。

⑮ 垂直控制区域:标有数字的模拟通道开／关键,使用这些键可打开或关闭对应的通道、访问软键中的通道菜单;Scale 旋钮位于模拟通道开／关键上方,为垂直定标旋钮,可更改每个模拟通道的垂直灵敏度;Position 旋钮位于模拟通道开／关键下方,为垂直位置旋钮,可更改显示屏上通道的垂直位置,上下移动波形;【Lable】键为标签键,可访问标签菜单;

【Help】键是帮助键,可打开帮助菜单,选择语言种类等。

⑯ 模拟通道输入区域:4 个波形通道,其颜色分别对应屏幕中不同颜色的波形,接入电压探头的 BNC 端。

⑰ 演示1端子、接地和演示2端子:演示2端子输出探头补偿信号,使探头的输入电容与连接的示波器通道匹配;接地端子,对连接到演示 2 或演示 1 端子的示波器探头使用接地端子;演示 1 端子,利用获得许可的特定功能,可输出演示或培训信号。

⑱USB 主机端口:用于将 USB 存储设备或打印机连接到示波器端口。

⑲ 数字通道输入:连接数字探头电缆。

⑳ 波形发生器输出端:连接 BNC 连接器,输出正弦波、方波、脉冲等。

2.操作说明

(1) 按下电源开关按钮,开机。

(2) 将电压探头 BNC 端连接至模拟通道输入端,电压探头另一端夹至所需测量的信号端,黑色鳄鱼嘴夹为接地端。

(3) 打开连接电压探头的通道对应的模拟通道开／关键,根据示波器显示屏中的波形分别设置水平控制区域按键、垂直控制区域按键、测量区域相关按键及触发控制区域相关按键。

(4) 水平控制区域按键。水平轴即 X 轴为时间轴。旋转最左侧标有正弦波形的水平定标旋钮,可调整显示屏中每格所代表的水平时间,如显示屏顶部定标值所示。运行时调整水平定标旋钮可更改采样率,实现波形在水平方向的缩放,停止时调整该旋钮可放大采集数据。显示屏顶部的倒三角符号表示时间参考点。按下该旋钮可选择水平时间微调模式。

调整水平位置旋钮可在示波器停止后水平移动波形数据。

按下缩放键可将示波器显示拆分为正常区和缩放区,而无须打开"水平设置菜单"。可配合水平定标旋钮和水平位置旋钮一起使用,来选择所需观察的波形区域。

(5) 垂直控制区域按键。垂直轴及 Y 轴为电压轴。按下标有数字的模拟通道开／关键,可打开或关闭对应的通道,或访问软键中的通道菜单,如选择耦合方式,带宽限制、微调、倒置是否开启或禁用,以及探头的设置。每个模拟通道都有一个通道开／关键。

纵轴代表的是电压,使用垂直定标旋钮可更改每个模拟通道的垂直灵敏度,即对波形进行垂直方向的缩放,改变显示屏中纵向每一格代表的数值,使波形在垂直方向上完整地显示出来。

旋转垂直位置旋钮可上下移动波形。

(6) 测量控制区域按键。

① 光标旋钮:按下旋钮可从弹出的菜单中选择光标。然后,在弹出的菜单关闭(通过超时或再次按下该旋钮)后,旋转该旋钮可调整选定的光标(X1、X2、X1 和 X2、Y1、Y2、Y1 和 Y2)的位置。

②【Cursors】键:按下该键可打开菜单,此时配合显示屏下方的软键使用,从对应的菜单中选择光标模式和源。

③【Meas】键:按下该键可打开测量菜单,此时配合显示屏下方的软键使用,可选择所要测试的通道、测试类型,添加或删除测量值。显示屏右下角的测量区域显示添加的测量值。要关闭测量,可再次按下【Meas】测量键。

（7）探头设置。

① 按下探头相关的通道键。

② 在通道菜单中，按下对应探头的软键，以显示"通道探头菜单"。

③ 按下[单位]软键，然后选择对应的[伏特]（对应电压探头）软键、[安培]（对应电流探头）软键。

④ 按下[探头]软键，直到选择指定衰减常数的方式，即选择比例或分贝；旋转 Entry 旋钮可设置已连接的探头的衰减常数。注意选择的衰减常数应该与所用的探头相匹配。

（8）触发设置。触发设置指示示波器何时采集和显示数据。

① 按下【Trigger】键，可通过显示屏下方对应的软键选择触发模拟通道、触发类型（如边沿触发、上升沿触发等）等信息。

② 选择触发通道后，可旋转触发电平旋钮，调整用于模拟通道边沿检测的垂直电平。显示屏最左侧的触发电平图标 T 指示的位置随之改变。触发电平值显示在显示屏的右上角。

③ 正常触发模式下需要满足触发条件才会采集波形，如果没有发生任何触发，此时可以按下【Force Trigger】键进行强制触发，并查看输入信号。

④【Mode/Coupling】模式／耦合键选择触发模式和耦合菜单。按下【Mode/Coupling】键后，按[模式]软键，然后选择自动或正常；按[耦合]软键，旋转 Entry 旋钮选择 AC 耦合或 DC 耦合。

DC 耦合：允许 DC 信号和 AC 信号进入触发途径。

AC 耦合：将 10 Hz 高通滤波器放置在触发路径中，以从触发波形中去除任何 DC 偏移电压。当波形具有较大的 DC 偏移时，使用 AC 耦合可获得稳定的边沿触发。

注意事项：

自动触发模式适用情况如下。

① 在检查 DC 信号或具有未知电平或活动的信号时。

② 当触发条件经常发生、不必要进行强制触发时。

正常触发模式适用情况如下。

① 只需要采集由触发设置指定的特定事件。

② 使用【Single】键可进行单次采集。

3.使用注意事项

（1）示波器始终使用接地电源线，不要阻断电源线接地。

（2）模拟输入的最大输入电压为 135 V_{rms}，使用时不可超出量程；如果测量的电压超过 30 V，使用 10：1 的探头。

（3）使用的探头接地端须共地，均连接至示波器的机架和电源线中的接地导线中。如果需要在两个活动点之间进行测量，须使用带有足够动态范围的差分探头。

（4）【Navigate】键是导航键，有左右移动和暂停按键，可实现波形自动左右移动，该键只可以在示波器停止时使用。

七、F434 Ⅱ 三相电能质量分析仪

三相电能质量分析仪（Three Phase Power Quality Analyzer，简称分析仪）具有多种强大

的测量功能,可以进行三相和单相电参数测量,能够测量电压、电流、功率和电能、谐波、电压和电流波形、电压和电流之间的相角等。本书以 F434Ⅱ 三相电能质量分析仪为例进行介绍,其技术指标见表 1.5。

表 1.5　F434Ⅱ 三相电能质量分析仪技术指标

电压输入	电压范围	1 ~ 1 000 V(有效值)
	输入阻抗	4 MΩ,5 pF
	缩放系数	1∶1、10∶1、100∶1、1 000∶1
	分辨率	0.1 V(有效值)
电流输入	类型	夹式变流器
	范围	电流夹为 0 ~ 5 A(有效值)
功率与能量	测量范围	1.0 ~ 20.00 MW

1.面板说明

F434Ⅱ 三相电能质量分析仪如图 1.27 所示,面板各名称和功能说明如下。

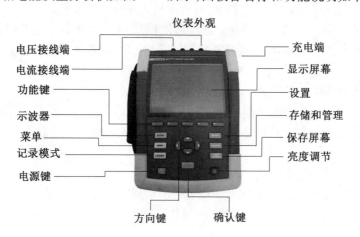

仪表外观

电压接线端　　　充电端
电流接线端　　　显示屏幕
功能键　　　设置
示波器　　　存储和管理
菜单　　　保存屏幕
记录模式　　　亮度调节
电源键

方向键　　确认键

图 1.27　F434Ⅱ 三相电能质量分析仪

电源键:用于仪表的开关机操作。

亮度调节按键:可以调节背照灯的亮度;按住 5 s 以上可增加亮度以提高强光下的可视性。

菜单(MENU)按键:可以打开分析仪的功能主菜单。

功能键和方向键:5 个功能键分别对应显示屏底端的 5 个选项;方向键可用于选择菜单内的选项。

确认键(ENTER):主要是回车确认功能。

示波器(SCOPE)按键:示波器模式以波形或相量图方式显示系统的电压和电流。

记录(LOGGER)按键:可以保存多个具有高分辨率的读数,读数在可调整的时间间隔内观测。

设置(SETUP)按键:可以打开菜单来查看和更改分析仪的设置。

存储和管理(MEMORY)按键:可以打开保存、调用、查看、删除等项目的菜单进行操作。

保存屏幕(SAVE SCREEN)按键:可以对当前屏幕进行截图保存。

充电端:接电源充电。

电流接线端:靠近分析仪正面的 4 个接线端口,用于接入电流钳夹测量电流。

电压接线端:靠近分析仪背面的 5 个接线端口,A(L1)、B(L2)、C(L3)、N、GND,为测量电压的接线端口,GND 口只能用于接地,不能加任何电压。

2.操作说明

(1) 开机设置。

① 分析仪接入电源,按电源键开机,首次开机需要进行预设置,设置后进入开机界面,如图 1.28 所示。

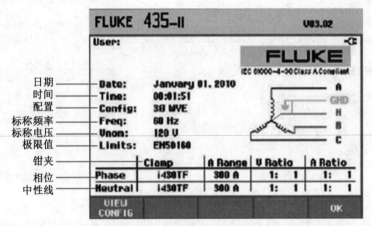

图 1.28   开机界面示意图

② 点击设置(SETUP)键,打开分析仪的所有设置菜单,如图 1.29 所示。

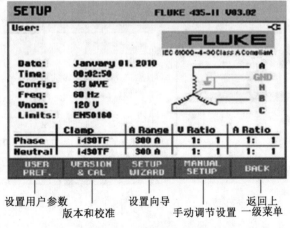

图 1.29   设置界面示意图

③ 使用功能键 F1 ～ F5,可分别进入相应的选项。

④Config 选项中:3φWYE 表示三相四线制,Y 形连接;3φDELTA 表示三相三线制,三角形连接。

⑤F1 键进入用户参数设置界面,通过"language"选项可以设置语言为中文。

⑥ 手动设置界面及其相关子菜单示意图如图 1.30 所示,手动设置允许用户对许多功能进行自定义设置,其中大部分功能都进行了预设,默认设置通常可以提供良好的显示效果。进入手动设置界面后,可以使用方向键选中需要调整的项目(如 Config、Freq、Vnom 等),按确认键(ENTER)进入设置界面修改。

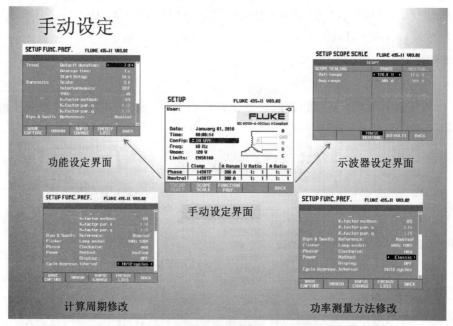

图 1.30　　手动设定界面及其相关子菜单示意图

(2)功率和电能的测量。在参数设置完成后就可以进行相关项目的测量了。点击菜单(MENU)按键,显示界面如图 1.31 所示。如实验要进行功率和电能的测量,选择第四项之后进入如图 1.32 所示界面。

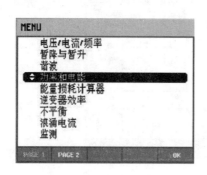

图 1.31　　MENU 屏幕显示

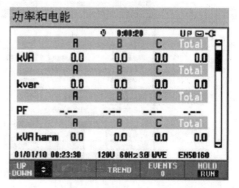

图 1.32　　功率和电能测量界面

(3)分析仪的外部接线。分析仪的测电压导线如图 1.33 所示,使用时将导线一端插到分析仪的电压插孔内,另一端插到电路中相对应的 A(L1)、B(L2)、C(L3)、N 相上。

电流钳接线示意图如图 1.34 所示,一端钳住导线,另外一端接到分析仪对应的电流接口上。

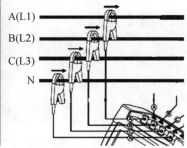

图 1.33　测电压导线　　　　图 1.34　电流钳接线示意图

3.使用注意事项

（1）在连接电路之前断开电源系统。

（2）连接完电路后,要检查电压测试导线和电流钳夹是否正确连接。

（3）只能使用分析仪所附带或经指示适用于分析仪的绝缘电流钳夹及测试导线。

（4）接地输入端仅可作为分析仪接地之用,不可在该端施加任何电压。

（5）不要施加超出分析仪额定值的输入电压。

（6）不要施加超出电流钳夹所标额定值的电流。

（7）在安装和取下电流钳夹时要特别小心,注意断开被测设备的电源。

（8）不要使用裸露的金属 BNC 接头或香蕉插头接头。

（9）不要将金属物件插入接头。

第2章

电路基础实验

实验1　电路元器件与电路基本定律

一、实验目的

(1) 学习和掌握常用电工电子仪器仪表的使用方法。
(2) 掌握电流、电压参考方向的含义及其应用。
(3) 掌握线性和非线性元器件伏安特性的测量方法。
(4) 通过实验验证并加深对基尔霍夫定律、电位、叠加定理和齐性定理的理解。

二、实验预习要求

(1) 复习基尔霍夫定律、叠加定理和齐性定理的理论知识,完成实验报告中的实验目的、实验原理以及实验指导书要求的理论计算数据。
(2) 预习实验中所用到的实验仪器的使用方法及注意事项。
(3) 根据实验电路计算所要求测试的量的理论数据,填入实验报告中。

三、实验仪器与元器件

本实验所需仪器与元器件见表2.1。

表2.1　实验仪器与元器件

序号	名称	数量	型号
1	直流稳压电源	1 台	DP832A
2	手持万用表	1 台	Fluke17B +
3	直流电压电流表	1 块	30111047
4	电阻器	若干	—
5	稳压二极管	1 只	ZPD9.1
7	测电流插孔	3 只	—
8	电流插孔导线	3 条	—
9	短接桥和连接导线	若干	P8 – 1 和 50148
10	实验用9孔插件方板	1 块	300 mm × 298 mm

四、实验原理

1.稳压管的伏安特性

稳压二极管是一种典型的非线性电阻器件,当施加在其两端的反向电压较小时,通过的电流几乎为零;当反向电压增大到一定数值时,通过的电流会急剧增加,稳压管反向击穿;当反向电流在较大范围内变化时,稳压管两端的电压基本保持不变,利用这一特性可以起到稳定电压的作用。稳压二极管与普通二极管的主要区别在于稳压二极管工作在 PN 结的反向击穿状态,其反向击穿是可逆的,只要不超过稳压二极管的允许值,PN 结就不会过热损坏,当外加反向电压去除后,稳压二极管恢复原性能,所以具有良好的重复击穿特性。当稳压二极管正偏时,相当于一个普通二极管。稳压二极管的伏安特性曲线如图 2.1 所示。

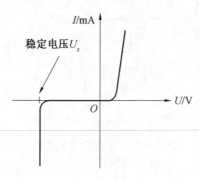

图 2.1　稳压二极管的伏安特性曲线

2.基尔霍夫定律

(1)基尔霍夫电流定律(KCL)。在集中参数电路中,任一时刻流出(或流入)任一节点的支路电流代数和等于零,即

$$\sum I_k = 0 \quad (I_k \text{ 表示第 } k \text{ 条支路电流}) \tag{2.1}$$

此时,若取流出节点的电流为正,则流入节点的电流为负。它反映了电流的连续性,说明了节点上各支路电流的约束关系,它与电路中元器件的性质无关。

要验证基尔霍夫电流定律,可选一电路节点,按图 2.2 中的参考方向测定出各支路电流值,并约定流入或流出该节点的电流为正,将测得的各电流代入式(2.1),加以验证。

(2)基尔霍夫电压定律(KVL)。在集中参数电路中,任一时刻沿任一回路各支路电压的代数和等于零,即

$$\sum U_k = 0 \quad (U_k \text{ 表示第 } k \text{ 条支路电压}) \tag{2.2}$$

它说明了电路中各段电压的约束关系,它与电路中元器件的性质无关。式(2.2)中,通常规定支路或元器件电压的参考方向与回路绕行方向一致者取正号,反之取负号。

① 关于电压、电流的实际方向与参考方向的对应关系。电压、电流的实际方向和参考方向如图 2.2 所示,参考方向是为了分析、计算电路而人为设定的。实验中测量的电压、电流的实际方向由电压表、电流表的"正"端所标明。在测量电压、电流时,若电压表、电流表的"正"端与参考方向的"正"方向一致,则该测量值为正值,否则为负值。

② 关于电位与电位差。在电路中,电位的参考点选择不同,各节点的电位也相应改变,

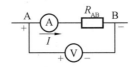

图 2.2   电压、电流的实际方向和参考方向

但任意两节点间的电位差不变,即任意两节点间电压与参考点电位的选择无关。

3.叠加定理和齐性定理

(1)叠加定理。叠加定理指在线性唯一解的电路中,由几个独立电源共同作用产生的响应等于各个独立电源单独作用时产生相应响应的代数叠加。其原理图如图 2.3 所示,其中 U_S 为电压源;I_S 为电流源。

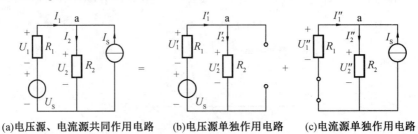

(a)电压源、电流源共同作用电路   (b)电压源单独作用电路   (c)电流源单独作用电路

图 2.3   叠加定理原理图

①设 U_S 和 I_S 共同作用时,在电阻 R_1 上产生的电压、电流分别为 U_1、I_1,在电阻 R_2 上产生的电压、电流分别为 U_2、I_2,如图 2.3(a)所示。为了验证叠加原理,令电压源和电流源分别作用。当电流源 I_S 不作用,即 $I_S = 0$ 时,在 I_S 处用开路代替;当电压源 U_S 不作用,即 $U_S = 0$ 时,在 U_S 处用短路线代替。而电源内阻都必须保留在电路中。

②设电压源 U_S 单独作用时(电流源支路开路)引起的电压、电流分别为 U_1'、U_2'、I_1'、I_2',如图 2.3(b)所示。

③设电流源单独作用时(电压源支路短路)引起的电压、电流分别为 U_1''、U_2''、I_1''、I_2'',如图 2.3(c)所示。

这些电压、电流的参考方向均已在图中标明。验证叠加定理,即验证下式成立:

$$\begin{cases} U_1 = U_1' + U_1'' \\ U_2 = U_2' + U_2'' \\ I_1 = I_1' + I_1'' \\ I_2 = I_2' + I_2'' \end{cases} \tag{2.3}$$

(2)齐性定理。齐性定理指在只有一个激励 X 作用的线性电路中,设任一响应为 Y,记作 $Y = f(X)$,若将该激励乘以常数 K,则对应的响应 Y' 也等于原来响应乘以同一常数,即 $Y' = f(KX) = Kf(X) = KY$。

对于线性直流电路,其电路方程为线性代数方程,此时齐性定理可直观表述为:若电路中只有一个激励,则响应与激励成正比。

五、实验步骤

在进行实验操作之前,请对实验仪器及元器件进行检测,确保仪器仪表工作正常,元器件参数值和电路图所标参数吻合。

检测内容包括：

(1) 直流电压源、直流电流源工作是否正常。

(2) 用万用表检测电流插头的通断。

(3) 根据电路图从元器件盒中找到需要的电阻器,并用万用表的电阻测试端(Ω 挡) 测量电阻值,确保阻值正确。

完成上述工作后,才能进行实验。

1.稳压二极管伏安特性的测量

(1) 确定稳压二极管的正负极,根据所选稳压二极管的型号,确定稳压电源的输出,测量其正向特性和反向特性,并画出稳压二极管的伏安特性曲线。

注意事项：

用数字万用表确定二极管的正负极,测量时将红表笔插入"HzV Ω"插孔,黑表笔插入"COM"插孔,红表笔极性为"＋",黑表笔极性为"－"。将功能转换开关置于二极管测量挡,红表笔接被测二极管正极,黑表笔接被测二极管负极。

(2) 稳压二极管正向特性的测量。按图 2.4(a) 连接实验电路,$R = 1\ \text{k}\Omega$,将稳压电源的输出电压 U_S 由 0 V 逐渐调至 6 V,用直流电流表测量电流 I,用万用表测量稳压二极管两端电压 U,测量数据填入表 2.2 中。所选数据既要满足正向特性曲线的整体要求,又要能反应曲线变化的细节。

(3) 稳压二极管反向特性的测量。按图 2.4(b) 连接实验电路(稳压二极管反接),将稳压电源的输出电压 U_S 由 0 V 逐渐调至 14 V,用直流电流表测量电流 I,用万用表测量稳压二极管两端电压 U,测量数据填入表 2.3 中。所选数据既要满足反向特性曲线的整体要求,又要能反应曲线变化的细节。

(4) 根据表 2.2 和表 2.3 的数据,在坐标纸上绘出稳压二极管的伏安特性曲线。

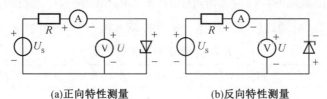

(a)正向特性测量　　　　　　　　(b)反向特性测量

图 2.4　稳压二极管伏安特性测量电路

表 2.2　稳压二极管正向特性测量数据

U_S/V	0.2	0.8	1.2	1.8	2.2	3	4.5	6
U/V								
I/mA								

表 2.3　稳压二极管反向特性测量数据

U_S/V	5	8.5	9.3	9.8	10.5	11.5	12.5	14
U/V								
I/mA								

2.基尔霍夫定律

（1）验证基尔霍夫定律（KCL 和 KVL）的实验线路。验证基尔霍夫定律的实验线路如图 2.5 所示。

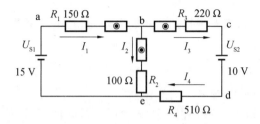

图 2.5　验证基尔霍夫定律实验线路

（2）基尔霍夫电流定律（KCL）的验证。

① 使用电阻器、测电流插孔、短路端子、导线等按图 2.5 接线，U_{S1}、U_{S2} 用直流稳压电源 DP832A 提供，调节 $U_{S1} = 15$ V，$U_{S2} = 10$ V。

注意事项：

电源的红色接线柱为"+"，黑色接线柱为"−"，不可短接。接好电路，检查后，才能打开电源。

② 用直流电压电流表中的电流表（30111047）依次测出电流 I_1、I_2、I_3，（以节点 b 为例），数据记入表 2.4 内。

注意事项：

测电流插孔是默认短路的，当插入测电流导线时为开路，接入电流表后，将电流表串入电路中。

根据图中的电流参考方向，按照电流由"+"端子流入、"−"端子流出的原则将电流插座接入电路，电流测试线的红线接入电流表的"+"端，黑线接入电流表的"−"端。

③ 根据 KCL 定律，即式（2.1），计算 $\sum I$ 并将结果填入表 2.4 中。

表 2.4　验证 KCL 实验数据

节点 b	I_1/mA	I_2/mA	I_3/mA	$\sum I = 0$ 是否成立
理论计算值				
测量值				

（3）基尔霍夫电压定律（KVL）的验证。

① 使用电阻器、测电流插孔、短路端子、导线等按图 2.5 接线，U_{S1}、U_{S2} 用直流稳压电源 DP832A 提供。调节 $U_{S1} = 15$ V，$U_{S2} = 10$ V。

② 用万用表的直流电压挡，依次测出回路 1（绕行方向：b—e—a—b）和回路 2（绕行方向：b—c—d—e—b）中各支路电压值，数据记入表 2.5 内。

注意事项：

用万用表的直流电压挡测试电压：按照参考方向测量电压值，被测量的正负号即在显示屏上显示出来。由于数字万用表的"+"端被"V，A，mA"等替代，"−"端被"COM"替代，测量时需要检查万用表的红色、黑色表笔是否在万用表的正确位置且可靠连接。红色表笔与被测电压的"＋"端连接,黑色表笔与被测电压的"－"端连接,即可读出电压的大小和正负。

③ 根据 KVL 定律,即式(2.2),计算 $\sum U$ 并将结果填入表 2.5 中。

表 2.5 验证 KVL 实验数据

回路 1 (b－e－ a－b)	电压	U_{be}/V	U_{ea}/V	U_{ab}/V	—	$\sum U$ 是否成立
	理论值				—	
	测量值				—	
回路 2 (b－c－d－ e－b)	电压	U_{bc}/V	U_{cd}/V	U_{de}/V	U_{eb}/V	$\sum U$ 是否成立
	理论值					
	测量值					

（4）电位的测定。

① 按图 2.5 接线。

② 分别以 c、e 两点作为参考节点（即 $V_c = 0$ V、$V_e = 0$ V）,测量图 2.5 中各节点电位,将测量结果填入表 2.6 中。

③ 通过计算验证:电路中任意两点间的电压与参考点的选择无关。并将计算值填入表 2.7 中。

表 2.6 不同参考点电位

测试值 /V	V_a	V_b	V_c	V_d	V_e
c 节点					
e 节点					

表 2.7 不同参考点电压

计算值 /V	U_{ab}	U_{bc}	U_{cd}	U_{de}	U_{eb}	U_{ea}
c 节点						
e 节点						

3. 叠加定理和齐性定理

（1）验证叠加定理。

① 按图 2.6 接线,取直流稳压电源 $U_S = 10$ V,$I_S = 20$ mA,电阻 $R_1 = 220$ Ω,$R_2 = 100$ Ω,X_{S1} 和 X_{S2} 为测电流插孔。根据图中的电流参考方向,按照电流由"＋"端子流入,"－"端子流出的原则将电流插座接入电路。

注意事项:

电压源禁止短路;电流源禁止开路。

② 当 U_S、I_S 两电源共同作用时,测量各支路电流和电压值。使用直流电压电流表测试直流电流,使用万用表的直流电压挡测试直流电压。在测试数据时,应按照图 2.6 中的参考方向测试各电压、电流。既要测试电压、电流的大小,还要判断电压、电流的真实方向是否与参考方向一致,一致时为正值,否则为负值。

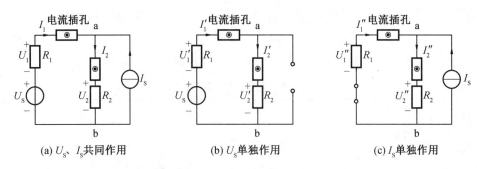

图 2.6　验证叠加定理的实验线路

测量表 2.8 第一行所列内容。

③ 当电源 U_S 单独作用时,测量各电流和电压的值。当电源 U_S 单独作用时,电流源 I_S 开路,将电流源支路移开,使用直流电压电流表测试电流,使用万用表的直流电压挡测试直流电压,将数据记入表 2.8 第二行中。

④ 当电源 I_S 单独作用时,测量各电流和电压的值。当电源 I_S 单独作用时,电压源 U_S 置零(电压源处短路,电流源处开路),将电压源支路断开,在该位置用短接端子短路,然后,使用直流电压电流表测试电流,使用万用表的直流电压挡测试直流电压,将数据记入表 2.8 第三行中。

表 2.8　验证叠加定理实验数据

测量数据	U_S,I_S 共同作用	$U_1 =$	$U_2 =$	$I_1 =$	$I_2 =$
	U_S 单独作用	$U'_1 =$	$U'_2 =$	$I'_1 =$	$I'_2 =$
	I_S 单独作用	$U''_1 =$	$U''_2 =$	$I''_1 =$	$I''_2 =$
	式(2.3) 是否成立				
理论计算数据	U_S,I_S 共同作用	$U_1 =$	$U_2 =$	$I_1 =$	$I_2 =$
	U_S 单独作用	$U'_1 =$	$U'_2 =$	$I'_1 =$	$I'_2 =$
	I_S 单独作用	$U''_1 =$	$U''_2 =$	$I''_1 =$	$I''_2 =$
	式(2.3) 是否成立				

注意事项:

实验中使用的电源一般为由电子元器件组成的直流电压源或直流恒流源,直接关掉电源后,它们将成为负载,且不满足理想电压源内阻为 0 以及理想恒流源内阻无穷大的要求。因此,在线性电路叠加定理的实验中,当测量某一电源单独作用产生的电压或电流时,应将其他电源应从电路中去掉。将移去电压源的支路短路,移去电流源的支路开路,以满足叠加定理的要求。

(2) 验证齐性定理。按图 2.7 接线,电阻 $R_1 = 100\ \Omega$,$R_2 = 220\ \Omega$,调整直流电压源 U_S,使电源输出自 2 V 起,按照 2 倍的比例递增。分别测试两只电阻上的电压 U_1、U_2 及电路中的电流 I 的值,观察其是否按 2 倍比例递增,将数据填入表 2.9 中,并根据齐性定理判断实验结果的正确性。

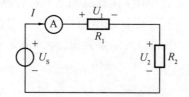

图 2.7　　齐性定理验证电路

表 2.9　　齐性定理验证实验测试表格

U_S/V	U_1/V		U_2/V		I/mA	
	理论值	测试值	理论值	测试值	理论值	测试值
2						
4						
6						
8						

六、实验注意事项

（1）不允许带电接线。

（2）用电压表和电流表调好电压源和电流源的数值后,电源才能接入电路。

（3）在实验过程中,不允许带电换线、换元器件。

（4）在实验过程中,电压源不允许短路,电流源不允许开路。

（5）测量电压、电流时,电压表要与被测元器件并联,电流表要与被测支路串联。

（6）做完每一项实验时要请指导老师检查数据,签字后方可进行下一步实验。

（7）全部实验做完后,关掉电源,拆线,整理实验台,物归原处,方可离开实验室。

（8）遵守实验室的各项规章制度。

七、故障分析与检查排除

1.实验中常见故障

（1）连线。连线错误,接触不良,断路或短路。

（2）元件。元件错误或元件值错误,包括电源输出错误。

（3）参考点。电源、实验电路、测试仪器之间公共参考点连接错误等。

2.故障检查

故障检查的方法很多,一般是根据故障类型确定部位、缩小范围,在小范围内逐点检查,最后找出故障点并予以排除。简单实用的方法是用万用表(电压挡或电阻挡)在通电或断电状态下检查电路故障。

（1）通电检查法。用万用表的电压挡(或电压表)进行测量,在接通电源情况下,根据实验原理,若电路某两点应该有电压,万用表测不出电压;某两点不应该有电压,而万用表测出了电压;或所测电压值与电路原理不符,则故障即在此两点间。

（2）断电检查法。用万用表的电阻挡（或欧姆表）进行测量，在断开电源情况下，根据实验原理，若电路某两点应该导通无电阻（或电阻极小），万用表测出开路（或电阻极大）；或某两点应该开路（或电阻很大），但测得的结果为短路（或电阻极小），则故障在此两点间。

八、实验思考题

（1）在基尔霍夫验证实验中，参考点的选择与各节点的电压是否有关？ 与两节点间的电压是否有关？

（2）电压源和电流源带有输出显示，而实验中又使用直流电压表、电流表，请问电压、电流值应该由哪个仪表确定，为什么？

（3）在叠加定理验证实验中，通过对实验数据的计算，判别电阻上的功率是否也符合叠加定理。

*（4）叠加定理的验证实验原理图如图2.3所示，试根据图2.8所示的原理图二再次验证叠加定理（选做）。

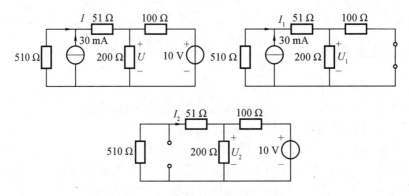

图 2.8　　叠加定理验证实验原理图二

九、实验报告要求

（1）实验步骤、过程需要写在实验报告上。

（2）数据处理过程要写在实验报告上，数据、曲线等必须手写，原始测量数据在课堂上需要老师确认。

（3）由曲线得出的数据在实验后完成，并填入相应的数据记录表中。

（4）实验结果分析及实验结论要根据实验结果给出。

（5）实验的感想、意见和建议写在实验结论之后。

（6）实验思考题需要写在实验报告里面。

实验 2 电路定理

一、实验目的

（1）学习和掌握常用电工电子仪器仪表的使用方法。

（2）通过实验验证并加深对戴维南定理和诺顿定理的理解。

（3）加深对最大功率传输定理的理解和认识。

（4）了解特勒根定理、互易定理和对偶原理。

二、实验预习要求

（1）复习戴维南定理、诺顿定理、最大功率传输定理，以及特勒根定理、互易定理和对偶原理的理论知识，完成实验报告中的实验目的、实验原理以及实验指导书要求的理论计算数据。

（2）预习实验中用到的实验仪器的使用方法及注意事项。

（3）根据实验电路计算所要求测试的量的理论数据，填入实验报告中。

三、实验仪器与元器件

本实验所需仪器与元器件见表 2.10。

表 2.10 实验仪器与元器件

序号	名称	数量	型号
1	直流稳压电源	1 台	DP832A
2	手持万用表	1 台	Fluke17B +
3	直流电压电流表	1 块	30111047
4	电阻器	若干	—
5	可变电阻器	1 只	—
6	测电流插孔	3 只	—
7	电流插孔导线	3 条	—
8	短接桥和连接导线	若干	P8 – 1 和 50148
9	实验用 9 孔插件方板	1 块	300 mm × 298 mm

四、实验原理

1.戴维南定理和诺顿定理

戴维南定理:线性含源一端口网络的对外作用可以用一个电压源串联电阻的电路来等

效代替。其中电压源的源电压等于此一端口网络的开路电压,而电阻等于此一端口网络内部各独立电源置零(电压源处短路,电流源处开路)后所得无独立源一端口网络的等效电阻。戴维南定理示意图如图2.9所示。

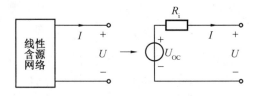

图 2.9   戴维南定理图示

诺顿定理:线性含源一端口网络的对外作用可以用一个电流源并联电阻的电路来等效代替。其中电流源的源电流等于此一端口网络的短路电流,而电导等于此一端口网络内部各独立电源置零(电压源处短路,电流源处开路)后所得无独立源一端口网络的等效电导。诺顿定理示意图如图2.10所示。

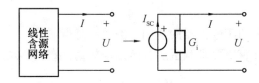

图 2.10   诺顿定理图示

一般情况下,含源一端口网络既可以用戴维南电路等效代替,也可以用诺顿电路等效代替。特殊情况下,若 $R_i = 0$,则只能等效为戴维南电路,并成为电压源;若 $G_i = 0$,则只能等效为诺顿电路,成为电流源。求等效电路的过程相当于确定该电路端口电压与电流的关系,即端口 $u - i$ 关系方程。根据端口 $u - i$ 关系方程,设计相应的等效电路实验测试方法。实际应用时,加以选择。下面介绍几种测量等效电路参数的实验方法。

(1)测量开路电压和短路电流。如果一端口网络允许开路和短路,可分别测量开路电压 U_{OC} 和短路电流 I_{SC},如图2.11所示,得到直线在电压坐标轴和电流坐标轴上的截距,分别对应等效电路中电压源的电压和电流源的电流,而等效电阻和等效电导分别为

$$R_i = \frac{U_{OC}}{I_{SC}}, G_i = \frac{I_{SC}}{U_{OC}}$$

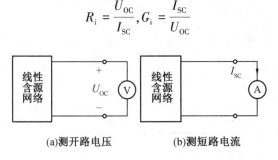

(a)测开路电压   (b)测短路电流

图 2.11   方法一测量开路电压和短路电流的原理示意图

（2）测量开路电压和等效电阻。当一端口网络不允许短路时,可按图2.11(a)测量端口的开路电压 U_{OC};然后将一端口网络内独立电源置零(电压源处短路,电流源处开路),用万用表测出一端口网络的等效电阻 R_i[图2.12(a)],或在端口处外加电源,通过测量端口电压 U 与电流 I,计算 $U/I = R_i$,如图2.12(b) 所示。

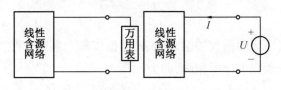

(a)用欧姆表测电阻　　　(b)用外加电源测电阻

图 2.12　　方法二测量等效电阻的原理示意图

（3）测量短路电流和等效电阻。当一端口网络不允许开路时,将方法二中测量端口的开路电压更改为测量端口的短路电流 I_{SC} 即可。

2.最大功率传输定理

一个实际的电源或者一个含源的一端口网络,不管内部的具体电路如何,都可以等效为具有一定电动势 U_{OC} 和一定内阻 R_0 的电路,如图2.13 所示。负载获得的功率为

$$P = I^2 R_L = \frac{U_{OC}^2 R_L}{(R_0 + R_L)^2}$$

负载 R_L 在从小变大的过程中,存在某一阻值,使其能够从电源获得最大的功率,可通过实验手段讨论负载获得最大功率的条件。

电路负载获得最大功率的条件是 $R_L = R_0$,负载吸收的功率与电源内阻消耗的平均功率相等,所以负载获得最大功率时,电路的传输效率只有50%。

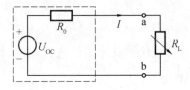

图 2.13　　含源一端口网络等效电路

3.特勒根定理与互易定理

基尔霍夫定律和特勒根定理对集总参数电路具有普遍的适应性。

基尔霍夫定律和特勒根定理适用于任何集总参数电路,它与元器件的性质无关,只与电路的拓扑结构有关。

特勒根定理一:对于网络 N 共用 n 个结点、b 条支路,其支路电压、支路电流向量分别为 $U = [U_1 \cdots U_b]^T, I = [I_1 \cdots I_b]^T$,且各支路电压与电流参考方向相关联,则 $U^T I = 0$ 或 $I^T U = 0$,即 $\sum_{k=1}^{b} U_k I_k = 0$。特勒根定理一又称为功率守恒定理。

特勒根定理二:对于网络 N 和 $\hat{N}$,可以由不同的元器件构成,但它们具有相同的拓扑结

构,即 $N = \hat{N}$,其中各网络的支路电压、支路电流向量分别为 $\boldsymbol{U} = [U_1 \cdots U_b]^T$, $\boldsymbol{I} = [I_1 \cdots I_b]^T$, $\hat{\boldsymbol{I}} = [\hat{I_1} \cdots \hat{I_b}]^T$, $\hat{\boldsymbol{U}} = [\hat{U_1} \cdots \hat{U_b}]^T$,且各网络中支路上的电压与电流参考方向关联,则 $\boldsymbol{U}^T \hat{\boldsymbol{I}} = \boldsymbol{0}$ 或 $\hat{\boldsymbol{I}}^T \boldsymbol{U} = \boldsymbol{0}$,即 $\sum_{k=1}^{b} U_k \hat{I_k} = 0$;以及 $\hat{\boldsymbol{U}}^T \boldsymbol{I} = \boldsymbol{0}$,或 $\boldsymbol{I}^T \hat{\boldsymbol{U}} = \boldsymbol{0}$,即 $\sum_{k=1}^{b} \hat{U_k} I_k = 0$。特勒根定理二又称为拟功率守恒定理。

互易定理一:对于一无源线性二端口网络,无论以哪个端口作激励端,哪个端口作响应端,其电流响应和电压激励的比值相同,即为

$$\frac{I_2}{U_{S1}}\bigg|_{U_{S2}=0} = \frac{I_1}{U_{S2}}\bigg|_{U_{S1}=0}$$

当 $U_{S1} = U_{S2}$ 时,有 $I_2 = I_1$,即将两个端口的激励电压和响应电流互换位置后,响应电流值不变。

互易定理二:对于不含受控源的单一激励的线性电阻电路,互易激励(电流源)与响应(电压)的位置,其响应与激励的比值仍然保持不变。当激励 $I_{S1} = I_{S2}$ 时,则响应 $U_2 = U_1$。

4.自主探究性小实验设计

(1)对偶原理。在对电路进行分析研究时,可以发现电路中有许多具有相似性的内容成对出现,包括结构、定律、定理、元件、变量等。例如,支路电压 u 与支路电流 i 是对偶变量;电阻 R 与电导 G 是对偶元器件;KCL 与 KVL 是对偶定律;戴维南定理与诺顿定理是对偶定理。

(2)设计小实验验证对偶原理。设计两个含有对偶元器件和变量的对偶电路,自制表格进行相关参数测试,列写对应的各元器件和变量的对偶关系式,验证电路的对偶性。

五、实验步骤

在进行实验操作之前,请对实验仪器及元器件进行检测,确保仪器仪表工作正常,元器件参数值和电路图所标参数吻合。

检测内容包括:

(1)检测直流电压源、直流电流源工作是否正常。

(2)用万用表检测电流插头的通断。

(3)根据电路图从元器件盒中找到需要的电阻器,并用万用表的电阻测试端(Ω 挡)测量电阻值,确保阻值正确。

完成上述工作后,才能进行实验。

1.戴维南定理和诺顿定理

戴维南定理和诺顿定理验证实验的电路接线图如图 2.14 所示。虚线框内为含源一端口网络,其端口 ab 可以处于开路或短路状态。

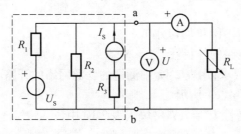

(a) 线性含源一端口网络

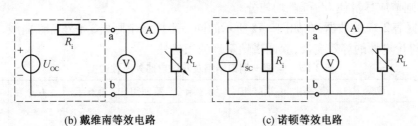

(b) 戴维南等效电路   (c) 诺顿等效电路

图 2.14   戴维南定理和诺顿定理验证实验的电路接线图

（1）测量含源一端口网络的等效电路参数。按照图 2.14 接线，$U_S = 10.2$ V，$I_S = 20$ mA，$R_1 = 510 \ \Omega$，$R_2 = 220 \ \Omega$，$R_3 = 100 \ \Omega$，R_L 为 0 ~ 10 kΩ 可调电阻，按照实验原理中的 3 种测量方法，测试 ab 一端口网络的戴维南和诺顿等效电路参数，计算电路参数，并将测试和计算结果填入表 2.11 中。

表 2.11   线性含源一端口电阻网络等效电路参数测试

测试方法	测量值	等效电路参数的计算
方法一		
方法二		
方法三		

（2）测量含源一端口网络的外特性。一端口右侧的电路为外电路，测量方法如下。

① 将外电路断开，用万用表的直流电压端测试开路电压 U_{OC}，连接外电路，可调电阻用短接导线代替，测量其短路电流 I_{SC}，填入表 2.12 的相应位置。

② 将短接导线去掉，此位置换成 0 ~ 10 kΩ 的可调电阻，调节 R_L 的值，测量该网络外特性 $U = f(I)$，填入表 2.12 中。

注意事项：

可以使用直流电压电流表测试电压，也可以使用万用表的直流电压挡测试电压，由于需要多次测试数据，所以可以将万用表的表笔换成导线，这样进行测量更加方便。

（3）测定戴维南等效电路的外特性。

① 根据戴维南定理的要求，用表 2.12 中测得的含源网络的开路电压 U_{OC} 和等效电阻 R_i 组成戴维南等效电路，如图 2.14(b) 所示。

② 调节 R_L，测量外特性 $U' = f(I')$，填入表 2.12 中。

③ 在同一坐标系中画出 2 条外特性曲线，并根据外特性曲线讨论电源的等效变换，验证戴维南定理的正确性。

注意事项：

R_L 的调节应尽量使 U' 和 I' 均匀分布。

（4）测定诺顿等效电路的外特性。

① 根据诺顿定理的要求，用表 2.12 中测得的含源网络的开路电压 I_{SC} 和等效电阻 R_i 组成诺顿等效电路，如图 2.14(c) 所示。

② 调节 R_L，测量外特性 $U'' = f(I'')$，填入表 2.12 中。

注意事项：

R_L 的调节应尽量使 U'' 和 I'' 均匀分布。

③ 根据表 2.12 的数据，在如图 2.15 所示的同一坐标系中画出 3 条外特性曲线，并根据外特性曲线讨论电源的等效变换，验证诺顿定理的正确性。

表 2.12　含源一端口网络及等效电路外特性数据

参数	改变 R_L	第一组	第二组	第三组	第四组	第五组	U_{OC}	I_{SC}
$U = f(I)$	I/mA						—	理论值： 测量值：
	U/V						理论值： 测量值：	—
$U' = f(I')$	I'/mA						—	理论值： 测量值：
	U'/V						理论值： 测量值：	—
$U'' = f(I'')$	I''/mA						—	理论值： 测量值：
	U''/V						理论值： 测量值：	—

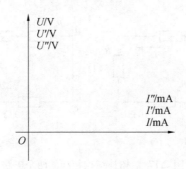

图 2.15　外特性坐标曲线图

2.最大功率传输定理

（1）实验电路如图 2.16 所示，其中 $R_0 = 1\ \text{k}\Omega$，$U_{OC} = 8\ \text{V}$，R_L 为 10 kΩ 滑动变阻器。

（2）理论计算功率 P_L 最大时，$R_L =$ ____。

（3）调节 R_L 值，使 $U_L = U_{OC}/2$，记录电流 I、电压 U_L，填入表 2.13 中。

（4）改变 R_L 值，测量端口电压 U_L、端口电流 I，填入表 2.13 中。

（5）根据表 2.12 中 U、I 的值，计算 R_L 电阻值和功率 P_L 值，填入表 2.13 中。

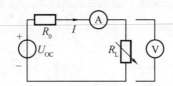

图 2.16　最大功率传输定理实验电路

表 2.13　验证最大功率传输定理数据

测量数据	I/mA							
	U_L/V			$U_{OC}/2 =$				
计算 R_L/ Ω								
计算结果 P_L/W								

3.特勒根定理与互易定理

（1）电流的测量。按照图 2.17 的参考方向测量流入、流出节点 a 的电流 I_1、I_2、I_3 或 $\hat{I_1}$、$\hat{I_2}$、$\hat{I_3}$，填入表 2.14 中，并计算 $\sum I_k = 0$ 或 $\sum \hat{I_k} = 0$ 是否成立。

注意事项：

所测电流值的正负号应根据电流的实际流向与参考方向的关系来确定，而约束方程 $\sum I_k = I_1 + I_2 + I_3$ 中 I 前面的正负号是由基尔霍夫电流定律根据电流的参考方向确定的，这是对电流参考方向的二次定义，实验中应予以注意。

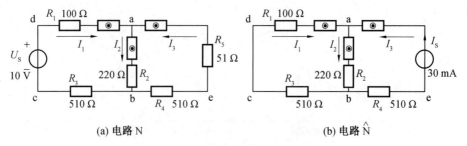

（a）电路 N　　　　　　　　（b）电路 N̂

图 2.17　拓扑结构相同的两个电路

（2）回路中各节点之间电压的测量。按照表格中规定的回路参考方向进行各节点之间电压的测量，将测量结果记入表格中，并计算 $\sum U_k = 0$ 或 $\sum \hat{U}_k = 0$ 是否成立。

（3）根据表 2.14 的数据，电流与电压取相关关联参考方向，计算 $\sum U_k I_k = 0$，$\sum \hat{U}_k \hat{I}_k = 0$，$\sum U_k \hat{I}_k = 0$，$\sum \hat{U}_k I_k = 0$ 是否成立，若不成立，请分析原因。将计算结果及必要的计算步骤记入表 2.15 中。

表 2.14　电路 N 与 N̂ 测量数据及计算结果

节点 a	测量值	I_1/mA	I_2/mA	I_3/mA	—	$\sum I_k = 0$
	电路 N					
	测量值	$\hat{I}_1/\text{mA}$	$\hat{I}_2/\text{mA}$	$\hat{I}_3/\text{mA}$	—	$\sum \hat{I}_k = 0$
	电路 N̂					
回路 a—b—c—d—e	测量值	U_{ab}/V	U_{bc}/V	U_{cd}/V	U_{da}/V	$\sum U_k = 0$
	电路 N					
	测量值	$\hat{U}_{ab}/\text{V}$	$\hat{U}_{bc}/\text{V}$	$\hat{U}_{cd}/\text{V}$	$\hat{U}_{da}/\text{V}$	$\sum \hat{U}_k = 0$
	电路 N̂					
回路 a—b—e—a	测量值	U_{ab}/V	U_{be}/V	U_{ea}/V	—	$\sum U_k = 0$
	电路 N					
	测量值	$\hat{U}_{ab}/\text{V}$	$\hat{U}_{be}/\text{V}$	$\hat{U}_{ea}/\text{V}$	—	$\sum \hat{U}_k = 0$
	电路 N̂					

表 2.15　根据测量值的计算结果

$\sum U_k I_k = \sum_k P_k = 0$	
$\sum U_k \hat{I}_k = 0$	
$\sum \hat{U}_k I_k = 0$	
$\sum \hat{U}_k \hat{I}_k = 0$	

六、实验注意事项

（1）不允许带电接线。

（2）用电压表和电流表调好电压源和电流源的数值后，电源才能接入电路。

（3）在实验过程中，不允许带电换线、换元器件。

（4）在实验过程中，电压源不允许短路，电流源不允许开路。

（5）测量电压、电流时，电压表要与被测元器件并联，电流表要与被测支路串联。

（6）做完每一项实验时要请指导老师检查数据，签字后方可进行下一步实验。

（7）全部实验做完后，关掉电源，拆线，整理实验台，物归原处，方可离开实验室。

（8）遵守实验室的各项规章制度。

七、故障分析与检查排除

参见实验 1 中故障分析与检查排除。

八、实验思考题

（1）总结利用等效电源定理简化复杂电路的适用条件。

（2）如何判断含源支路是发出功率还是吸收功率？

（3）什么是最大功率传输定理的应用范围？是否适用于交流电路？

（4）总结二次定义的参考方向对应用特勒根定理的重要性。

九、实验报告要求

（1）实验步骤、过程需要写在实验报告中。

（2）数据处理过程要写在实验报告上，数据、曲线等必须手写，原始测量数据在课堂上需要老师确认。

（3）由曲线得出的数据在实验后完成，并填入相应的数据记录表中。

（4）实验结果分析及实验结论要根据实验结果给出。

（5）实验的感想、意见和建议写在实验结论之后。

（6）实验思考题需要写在实验报告中。

实验 3　元器件参数测量和阻抗的串并联

一、实验目的

（1）正确掌握电量仪的使用方法。

（2）学会用相位法和功率法测量电阻器、电感器、电容器的参数，学会根据测量数据计算出串联参数 R、L、C 和并联参数 G、B_L、B_C。

（3）通过对电阻器、电感器、电容器，串联、并联和混联后阻抗值的测量，研究阻抗串并联、混联的特点。

（4）通过测量阻抗，加深对复阻抗、阻抗角、相位差等概念的理解。

（5）学习用电压表、电流表结合画相量图法测量复阻抗。

二、实验预习要求

（1）复习阻抗、导纳以及正弦电路的相量分析法的理论知识；完成实验报告中的实验目的、实验原理以及实验指导书要求的理论计算数据。

（2）预习实验中用到的实验仪器的使用方法及注意事项。

（3）根据实验电路计算所要求测试的量的理论数据，填入实验报告相关表格中。

三、实验仪器与元器件

本实验所需仪器与元器件见表 2.16。

表 2.16　实验仪器与元器件

序号	名称	数量	型号
1	三相空气开关	1 块	30121001
2	单相调压器	1 块	30121058
3	单相电量仪	1 块	30121098
4	测电流插座	3 个	—
5	电阻器	1 只	15 Ω/10 W
6	电感器	1 个	500 匝 + 铁芯
7	电容器	1 只	220 μF/70 V
8	小电容器	1 只	2.2 μF
9	手持万用表	1 台	Fluke17B +
10	短接桥和连接导线	若干	P8 – 1 和 50148
11	实验用 9 孔插件方板	1 块	300 mm × 298 mm

四、实验原理

1.阻抗与导纳

电感器、电阻器、电容器是常用的元件。电感器是由导线绕制而成的，必然存在一定的电阻 R_L，因此，电感器的模型可用电感 L 和电阻 R_L 来表示；电容器则因其介质在交变电场作用下有能量损耗或有漏电，可用电容 C 和电阻 R_C 作为电容器的电路模型；线绕电阻器是用导线绕制而成的，存在一定的电感 L'，可用电阻 R 和电感 L' 作为电阻器的电路模型。

图 2.18 是它们的串联电路模型。

图 2.18　　电感器、电容器、电阻器的串联电路模型

根据阻抗与导纳的等效变化关系可知,电阻与电抗串联的阻抗,可以用电导 G 和电纳 B 并联的等效电路代替,由此可知电阻器、电感器和电容器的并联电路模型如图 2.19 所示。

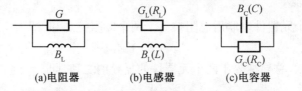

图 2.19　　电阻器、电感器、电容器的并联电路模型

值得指出的是:对于电阻器和电感器,虽然可以用万用表的欧姆挡测得某值,但该值是直流电阻,而不是交流电阻(且频率越高两者差别越大);在电容器模型中 R_C 也不是用万用表欧姆挡测出的电阻,它是用来反映交流电通过电容器时的损耗的,需要通过交流测量得出。

在工频交流电路中的电阻器、电感器、电容器的参数,可用下列方法测量。

(1) 相位表法。

在图 2.20 中,可直接从各电表中读得阻抗 Z 的端电压 U、电流 I 及其相位角 φ。当阻抗 Z 的模由 $|Z| = U/I$ 求得后,再利用相位角便不难将 Z 的实部和虚部求出。如当测出电感器两端电压 U、流过电感器电流 I 及其相位角 φ 时,显然 $R_L = \dfrac{U\cos\varphi}{I}$,$L = \dfrac{U\sin\varphi}{I\omega}$。其并联参数 G、B_L 如何根据 U、I、φ 值计算,由实验者自行推导。

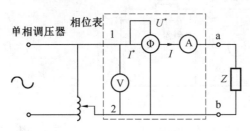

图 2.20　　相位表法测量

(2) 功率表法。

在生产部门,功率表较多,相位表较少,将图 2.20 中的相位表换为电量仪,如图 2.21 所示。由图 2.21 可直接测得阻抗的端电压、流过的电流及其功率,根据公式 $P = UI\cos\varphi$ 即可求得相位角 φ,其余与相位表法相同,从而求得 Z 的实部与虚部。

功率表法不能判断被测阻抗是容性还是感性,本实验采用如下方法加以判断:在被测网络输入端并联接入一只适当容量的小电容器,如电流表的读数增大,则被测阻抗为容性(即虚部为负),若电流表读数减小,则被测阻抗为感性(即虚部为正)。

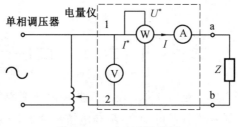

图 2.21　功率表法测量

2.总阻抗与总导纳

交流电路中两个元器件串联后总阻抗等于两个复阻抗之和,即

$$Z_总 = Z_1 + Z_2$$

两个元器件并联,总导纳等于两个元器件的复导纳之和,即

$$Y_总 = Y_1 + Y_2$$

两个元器件并联,然后再与另一个元器件串联,则总阻抗应为

$$Z_总 = Z_3 + \frac{Z_1 Z_2}{Z_1 + Z_2}$$

在阻抗、导纳实验中,用相位表法或功率表法测元器件阻抗是很方便的。但如果没有相位表和功率表,仅有电压表和电流表,在测复阻抗时,则可以用下面所述的画相量图法来确定相位角。

如图 2.22 所示,要测得图中电阻器和电感器的复阻抗,可以用电压表分别测出有效值 U、U_R、U_{rL},用电流表测出电流有效值 I(电阻 R 的感性分量可忽略不计,阻性分量计算根据实际值代入),绘制相量图如图 2.23 所示。

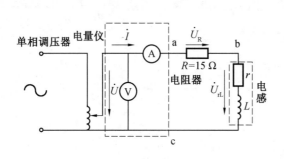

图 2.22　待测电路示意图

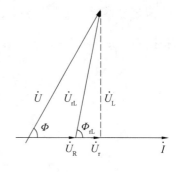

图 2.23　相量图

在绘制相量图时,由于相位角不能测出,只好利用电压 U、U_R、U_{rL} 组成闭合三角形,根据所测电压值按某比例尺(如每厘米表示 3 V)截取线段,用几何方法画出电压三角形;然后根据电阻器的电压与电流同相位,确定画电流相量的位置,电流的比例尺也可以任意确定(如每厘米表示 0.1 A)。

根据电压表、电流表所测得的值,以及用量角器从画出的相量图中量出的相位角值,显然可得出复阻抗 Z_{ab}、Z_{bc} 及串联后的总阻抗 Z_{ac},从而得出 R、L 的值。

这种方法也适用于阻抗并联,可以利用相似的办法画出电流三角形,再根据其中一支路元器件的电压与电流相位关系确定电压相量。为了使从图中量出的角度精确,建议作图应大一些,即选取电流比例尺小一些,如每厘米代表 0.1 A 或 0.05 A。

五、实验步骤

在进行实验操作之前,请对实验仪器及元器件进行检测,确保仪器仪表工作正常,元器件参数值和电路图所标参数吻合。

检测内容包括:

(1) 检测单相调压器电压是否归零。

(2) 检测电量仪工作是否正常(这里使用的电量仪既可以测试相位,又可以测试功率,测相位时,选择 Φ 测试挡;测试功率时,选择 W 测试挡)。

(3) 根据电路图从元器件盒中找到需要的电阻器,并用万用表的电阻测试端(Ω 挡)测量电阻值,确保阻值正确。

(4) 根据电路图从元器件盒中找到需要的电容器,并用万用表的电容测试端测量电容值,确保容值正确。

(5) 从元器件盒中找到需要的电感器,将铁芯插入电感器中。

完成上述工作后,才能进行实验。

1.元器件参数测量

(1) 按图 2.20 接线。打开三相空气开关,打开电量仪的开关,将单相调压器旋钮逆时针归零。

(2) 图中阻抗 Z 分别取电阻器 $R = 15\ \Omega$、电感器 $L = 28\ mH$(500 圈 + 铁芯) 和电容器 $C = 220\ \mu F$。调节单相调压器使电量仪中的电流表的读数为 0.5 A 左右,使用电量仪测量电压、电流及相位角值,也可使用万用表的交流电压挡测试电压,记录于表 2.16 中。

注意事项:

使用电量仪测试相位角时,电量仪上电流测试端口标注为 A,需要串联接入电路,电压测试端口标注为 V,需要并联在电路上,并且两者的 $*$ 端口需要连接在一起。按上下箭头按钮选择 Φ,指示灯亮,在第一行显示相位角的角度值。

例如,图 2.24 中第一行显示的角度是 53°;第二行表示测试的交流电压为 220 V;第三行表示串联测试的交流电流为 5 A。

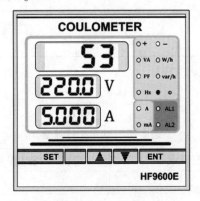

图 2.24　电量仪示意图

电路连接完毕并检查后,才可通电,调节调压器时,顺时针为增加,注意小心操作,加电压太高可能引起元器件过功率损坏。

由于电量仪既可以测试相位角也可以测试功率,所以表 2.17 和表 2.18 中的待测参数可以一起测得。

表 2.17　相位法测量元器件参数

元器件	电流 I/A	电压 U/V	相位角 φ
电感器			
电阻器			
电容器			

(3)同步骤(2),测量电压及功率值,记录于表 2.18 中。在电量仪上,按上下箭头按钮选择 W,指示灯亮,在第一行显示功率值。

表 2.18　功率法测试元器件参数

元器件	电流 I/A	电压 U/V	P/W	正负
电感器				
电阻器				
电容器				

(4)计算。根据步骤(2)计算出表 2.19。

例:电感 = 电阻值 + j 电感值 = $\dfrac{U}{I}\cos\varphi + j\dfrac{U}{I}\sin\varphi$

$$L = \frac{U\sin\varphi}{I \cdot 2\pi f}$$

下面所有的计算值,可以使用 $f = 50$ Hz 等效计算.

表 2.19　相位法计算值

元器件	电阻值(实部)	感抗 / 容抗(虚部)	电感值 / 电容值
电感器			
电阻器			
电容器			

根据步骤(3)、(4)计算表 2.20。

$$\varphi = \arccos\frac{P}{UI}$$

表 2.20　功率法计算值

元器件	电阻值(实部)	感抗 / 容抗(虚部)	电感值 / 电容值
电感器			
电阻器			
电容器			

2.阻抗的串联、并联和混联

（1）研究阻抗的串联、并联和混联。

① 测量电阻器与电感器串联的阻抗 $Z_{总}$，自行选用仪器设备，设计实验电路图并画出记录数据的表格（可按照实验步骤1中的方法来测试，自行设计电路图，并画出电路图，记录数据于表2.21）。

注意：

自行设计电路图实验时，单相调压器的输出电流不要超过 0.5 A，否则电阻器容易过功率损坏。

表2.21   电阻器和电感器串联的复阻抗测试

参数	电流 I/A	电压 U/V	相位角 φ 或功率 P/W
$Z_{总}$	电阻值（实部）	感抗／容抗（虚部）	电感值／电容值

根据测试数据，求出 $Z_{总}$，利用元器件参数测量实验数据计算出 Z_1、Z_2，验证串联时 $Z_{总} = Z_1 + Z_2$。

② 测量电阻器与电感器并联的总导纳 $Y_{总}$，自行设计实验电路和记录数据的表格。（可按照实验步骤1中的方法来测试，自行设计电路图，并画出电路图，记录数据于表2.22中。）

表2.22   电阻器和电感器并联的负阻抗测试

参数	电流 I/A	电压 U/V	相位角 φ 或功率 P/W
$Y_{总}$	导纳值（实部）	电纳值（虚部）	电感值／电容值

根据测试数据，求出 $Y_{总}$，利用元器件参数测量实验数据计算出 Y_1、Y_2，验证并联时 $Y_{总} = Y_1 + Y_2$。

③ 测量电阻器与电感器并联，再与电容器串联后的总阻抗 $Z_{总}$，自行设计实验电路与记录数据的表格。（可按照元器件参数测量的方法来测试，自行设计电路图，并画出电路图，记录数据于表2.23中。）

表2.23   电阻器与电感器并联，再与电容器串联后的总阻抗 $Z_{总}$

参数	电流 I/A	电压 U/V	相位角 φ 或功率 P/W
$Z_{总}$	电阻值（实部）	感抗／容抗（虚部）	电感值／电容值

根据测试数据求出 $Z_{总}$，利用元器件参数测量实验数据计算出 Z_1、Z_2、Z_3，验证 $Z_{总} = Z_3 + \dfrac{Z_1 Z_2}{Z_1 + Z_2}$。

（2）用伏特表－安培表法测元件参数。

① 按图2.23接线，调节调压器使 $I = 0.5$ A，用万用电表交流电压挡测量 U、U_R、U_{rL} 的值，

并记录于表 2.24 中。

表 2.24　使用伏特表－安培表法测元器件参数

参数	电流 I/A	电压 U/V	电压 U_R/V	电压 U_{rL}/V
$Z_总$				
	电阻值(实部)	感抗／容抗(虚部)	电感值／电容值	

根据测试数据,画出各电压相量图,求出复阻抗 Z_1(电阻器)、Z_2(电感器)及 $Z_总$,求出电感器的电阻 r 和电感量 L。

注意事项:

万用表的交流电压挡应选用 V 挡,不能使用 mV 的交流电压挡。

② 按图 2.25 接线,调节调压器使流过电感器的电流为 1 A,使用万用表的交流电流挡,测出电流 I、I_1、I_2 及交流电压 U 的有效值。测量电流时,使用测电流插座,串入电路中,使用测电流导线接到万用表进行测量,记录数据于表 2.25 中。

注意事项:

使用万用表的交流电流挡测试时,使用 A 挡,且万用表的红色端应该选择 A 端口,黑色端应选择 COM 端口。电流测量和电压测量使用的接线端口不一致。

表 2.25　使用伏特表－安培表法测元器件参数

参数	电压 U/V	电流 I/A	电流 I_1/A	电流 I_2/A
$Y_总$				
	导纳值(实部)	电纳值(虚部)	电感值／电容值	

根据测试数据,画出各电流相量图,求出复导纳 Y_1(电阻器)、Y_2(电感器)和 $Y_总$。

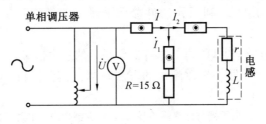

图 2.25　阻抗测量电路

六、实验注意事项

(1) 不允许带电接线。

(2) 用单相调压器需要逆时针旋到 0,才能通电,并且每次实验都应该断开三相电,改接电路后,再通电实验。

(3) 在实验过程中,不允许带电换线、换元器件。

(4) 在实验过程中,注意功率仪表的电压表和电流表的接法,"＊"端为一个点。

(5) 使用万用表测量电压和电流时,接的端口不一致,注意更换。

（6）做完每一项实验时要请指导老师检查数据，签字后方可进行下一步实验。

（7）全部实验做完后，关掉电源，拆线，整理实验台，物归原处，方可离开实验室。

（8）遵守实验室的各项规章制度。

七、故障分析与检查排除

参见实验 1 中故障分析与检查排除。

八、实验思考题

（1）相位法和功率法测得的电阻值、电感值、电容值是否一致？如果存在少许差异，请分析可能的原因。

（2）比较相位法与电压表、电流表相量图法测出的阻抗与导纳是否一致，如果存在少许差异，请分析可能的原因。

九、实验报告要求

（1）实验步骤、过程需要写在实验报告中。

（2）数据处理过程要写在实验报告中，数据、曲线等必须手写，原始测量数据在课堂上需要老师确认。

（3）由曲线得出的数据在实验后完成，并填入相应的数据记录表中。

（4）实验结果分析及实验结论要根据实验结果给出。

（5）实验的感想、意见和建议写在实验结论之后。

（6）实验思考题需要写在实验报告中。

实验 4   日光灯功率因数校正实验

一、实验目的

（1）进一步理解交流电路中电压、电流的相量关系。

（2）学习日光灯电路的连接方法，熟悉日光灯的工作原理。

（3）通过实验掌握提高感性负载电路功率因数的方法。

二、实验预习要求

（1）熟悉 RL 串联电路中电压与电流的关系。

（2）预习日光灯的工作原理、启动过程。

（3）预习在 RL 串联与 C 并联的电路中，如何求 $\cos\varphi$ 值。完成实验报告中的实验目的、实验原理以及实验指导书要求的理论计算数据。

三、实验仪器与元器件

本实验所需仪器与元器件见表 2.26。

表 2.26   实验仪器与元器件

序号	名称	数量	型号
1	三相空气开关	1 块	30121001
2	三相熔断器	1 块	30121002
3	日光灯开关板	1 块	30121012
4	日光灯镇流器板带电容器	1 块	30121036
5	单相电量仪	1 块	30121098
6	安全导线与短接桥(强电短接桥黑色)	若干	P12 - 1 和 B511

四、实验原理

本实验中 RL 串联电路用日光灯代替,日光灯线路图如图 2.26 所示。日光灯电路主要由日光灯、启辉器和镇流器组成。

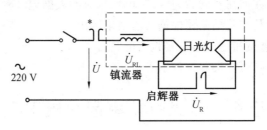

图 2.26   日光灯线路图

灯管工作时,可以认为是一个电阻负载;镇流器是一个铁芯线圈,可以认为是一个电感量较大的感性负载,两者串联构成一个 RL 串联电路。日光灯启辉过程如下:当接通电源后,启辉器内双金属片(动片与定片)间的气隙被击穿,连续发生火花,双金属片受热伸长,使动片与定片接触。灯管灯丝接通,灯丝预热而发射电子,此时,启辉器两端电压下降,双金属片冷却,因而动片与定片分开。镇流器线圈因灯丝电路断电而感应出很高的感应电动势,与电源电压串联加到灯管两端,使管内气体电离产生弧光放电而发光,此时启辉器停止工作(因启辉器两端所加电压值等于灯管点燃后的管压降,对 40 W 管电压,只有 100 V 左右,这个电压不再使双金属片打火)。镇流器在正常工作时起限流作用。

日光灯工作时的整个电路可用图 2.27 所示的等效串联电路来表示。

日光灯电路的功率因数较低,一般在 0.5 以下,为了提高电路的功率因数,可以采用与电感性负载并联电容器的方法。此时总电流 I 是日光灯电流 I_{RL} 和电容器电流 I_C 的相量和,即 $\dot{I} = \dot{I}_C + \dot{I}_{RL}$,日光灯电路并联电容器调节功率因数原理如图 2.28 所示。由于电容支路的

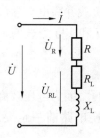

图 2.27　日光灯工作时的等效电路图

电流 I_C 超前于电压 U $90°$ 角,抵消了一部分日光灯支路电流中的无功分量,使电路的总电流 I 减小,从而提高了电路的功率因数。电压与电流的相位差角由原来的 φ_1 减小为 φ_C,故 $\cos \varphi_C > \cos \varphi_1$。当电容量增加到一定值时,电容电流 I_C 等于日光灯电流中的无功分量,$\varphi_C = 0$。$\cos \varphi_C = 1$,此时总电流下降到最小值,整个电路呈电阻性。若继续增加电容量,总电流 I 反而增大,整个电路变为容性负载,功率因数反而下降。

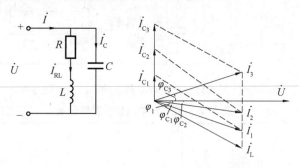

图 2.28　日光灯并联电容器调节功率因数原理

五、实验步骤

（1）日光灯电路连接操作。按图 2.26 接好线路,接通电源,观察日光灯的启动过程。

注意事项：

① 强电实验,注意接线和操作安全,手不能碰线路中金属裸露的地方。测试的数据较多,需更换电路较多,先断电,再更换电路,检查完毕后才能通电。

② 本次实验电压较高,连接电路应使用强电专用导线,并严格遵守"先接线后通电""先断电后拆线"的操作顺序。注意日光灯电路的正确连接,日光灯灯管与镇流器必须串联,以免损坏灯管。

（2）日光灯电路测量操作。测日光灯电路的端电压 U、灯管两端电压 U_R、镇流器两端电压 U_{RL}、电路电流 I 以及总视在功率 S、有功功率 P、无功功率 Q、相位角 φ,灯管的视在功率 S_R、有功功率 P_R、无功功率 Q_R,镇流器的视在功率 S_{RL}、有功功率 P_{RL}、无功功率 Q_{RL}。数据记录于表 2.27 中。

（3）并联补偿电容器提高功率因数的实验研究。日光灯电路两端并联电容器,接线如图 2.29 所示。逐渐加大电容量,每改变一次电容量,都要测量端电压 U、总电流 I、日光灯电流 I_{RL}、电容器电流 I_C 以及总有功功率 P 的值,记录于表 2.28 中（注意通电后测量数据,稳定后再读数。数据测试较多,请同学们分析下怎么能提高测试效率,减少重复接线）。

根据实验测量数据,绘制日光灯负载并联电容器(1 μF、3.7 μF 及 6.7 μF) 前后的相量图,包括 I_{RL}、I、I_C,对比相量图合成的 I 和实际测试的 I,说明感性负载并联电容器可以提高功率因数的原理。

注意事项:

此处测电流不允许使用测电流插孔,因为电压较高,只能使用电量仪的电流表或者万用表,测不同的电流需要更换电路,更换电路前一定要断电。使用万用表不能使用 mA 挡 (400 mA),需要使用 A 挡。

如果测试数据跳动,请记录平均值。

并联电容器时,如果开关不关上会有打火的声音,不但危险,对电容器的寿命也有影响。一定要关上开关,再并联电容器。

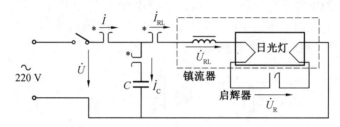

图 2.29　日光灯并联电容器调节功率因数电路连接图

表 2.27　日光灯电路参数测量记录

U	U_R	U_{RL}	I	S	P	Q
S_R	P_R	Q_R	S_{RL}	P_{RL}	Q_{RL}	$\cos \varphi$

表 2.28　日光灯两端并联电容器后的参数测量记录

电容 / μF	测量数据						计算
	U/V	I/A	I_{RL}/A	I_C/A	P/W	φ	$\cos \varphi$
1							
2							
3							
3.7							
4.7							
5.7							
6.7							

六、注意事项

（1）遵守实验室的各项规章制度。

（2）在实验过程中不允许带电换线、换元器件。更换电路、拆换元器件时必须断电再操作，检查后才能重新通电。

（3）做完每一项实验时要请指导老师检查数据，签字后方可进行下一步实验。

（4）做完全部实验后，关掉电源，拆线，整理实验台，物归原处，方可离开实验室。

七、故障分析与检查排除

参见实验 1 中故障分析与检查排除。

八、实验思考题

（1）并联电容器提高 $\cos \varphi$ 时，电容器的选择应考虑哪些原则？

（2）并联电容器后，单相功率表的相位、有功功率、无功功率、视在功率有何变化？ 为什么？

九、实验报告要求

（1）实验步骤、过程需要写在实验报告中。

（2）数据处理过程要写在实验报告中，数据、曲线等必须手写，原始测量数据在课堂上需要老师确认。

（3）由数据得出的曲线在实验后完成，并画在坐标纸上，贴在实验报告中。

（4）实验结果分析及实验结论要根据实验结果给出。

（5）实验的感想、意见和建议写在实验结论之后。

（6）实验思考题需要写在实验报告中。

实验 5　　三相电路

一、实验目的

（1）掌握三相负载的两种连接方式。

（2）掌握三相电源相序和功率的测量方法。

（3）了解三相电路中电压、电流的线值和相值的关系。

（4）了解三相四线制中性线的作用。

二、实验预习要求

（1）学习电路教材中三相电路部分的相应内容，试分析若三相电源某根相线断路时，三相负载工作是否正常；当某相负载出现断路或短路故障时，其他相负载能否正常工作。

（2）预习有关数字万用表、三相电能质量分析仪等仪器设备使用的相关知识。

（3）预习实验中所用到的相关定理、定律和有关概念。完成实验报告中的实验目的、实验原理以及实验指导书要求的理论计算数据。

（4）预习实验中所用到的实验仪器的使用方法及注意事项。

三、实验仪器与元器件

本实验所需仪器与元器件见表2.29。

表 2.29　　实验仪器与元器件

序号	名称	数量	型号
1	三相熔断器	1组	30121002
2	数字万用表	1只	Fluke17B +
3	三相电源	1个	—
4	三相空气开关	1块	30121001
5	白炽灯	8只	—
6	安全导线与短接桥	若干	—
7	三相电能质量分析仪	1台	Fluke 434 Ⅱ
8	电流探头	3只	I5S(和 Fluke 434 Ⅱ 配套)
9	电容器	若干	1 μF,2 μF,4.7 μF (500 V$_{ac}$,日光灯板上)

四、实验原理

1.三相电源相序的测量方法

三相电源从超前到滞后的次序称为相序。实验室测定三相电源的相序常使用相序指示灯,如图 2.30 所示。它由电容器和两个功率相同的白炽灯构成星形连接,接至三相对称电源。根据两个白炽灯亮度差异可确定对称三相电源的相序。

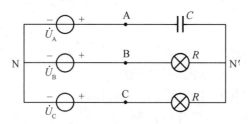

图 2.30　　相序指示灯

假设三相电源的相序如图 2.30 所示,即把接电容器的作为 A 相,设 $R = 1/\omega C$,对图2.30列节点电压方程可得

$$\dot{U}_{NN'} = \frac{j\omega C \dot{U}_{AN} + \dot{U}_{BN}/R + \dot{U}_{CN}/R}{j\omega C + 1/R + 1/R} = \frac{j + \alpha^2 + \alpha}{j + 1 + 1}\dot{U}_{AN} \approx (0.2 + j0.6)\dot{U}_{AN}$$

B 相和 C 相所接的白炽灯电压分别为

$$\dot{U}_{BN'} = \dot{U}_{BN} - \dot{U}_{N'N} = \alpha^2 \dot{U}_{AN} - (-0.2 + j0.6)\dot{U}_{AN} \approx [1.5\angle(-101.5°)]\dot{U}_{AN}$$

$$\dot{U}_{CN'} = \dot{U}_{CN} - \dot{U}_{N'N} = \alpha \dot{U}_{AN} - (-0.2 + j0.6)\dot{U}_{AN} \approx (0.4\angle 138°)\dot{U}_{AN}$$

因为 $U_{BN'} = 1.5U_{AN}$，$U_{CN'} = 0.4U_{AN}$，所以白炽灯较亮的那一相是 B 相，较暗的是 C 相。

2.负载星形连接和负载三角形连接对称的测量

（1）三相负载的星形连接方式。三相负载星形（或称 Y 形）连接方式如图 2.31 所示，即将三相负载的末端 X′、Y′、Z′ 连接在一起（图中的 N′ 点称中性点）。另一端分别接至三相电源 A、B、C 端。若将 N 点和 N′ 点相连，电源和负载用了 4 根导线，故称三相四线制。从电源 A、B、C 端引出的 3 根导线称为相线（俗称火线），中性点之间的连线称中性线（也称零线）。在负载星形连接的三相正弦电流电路中，线电流等于相电流，若相电压对称，则线电压有效值为相电压有效值的 $\sqrt{3}$ 倍。

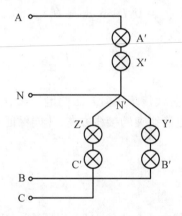

图 2.31　三相负载的星形连接

（2）三相负载的三角形连接方式。三相负载的三角形连接如图 2.32 所示，将三相负载按始端和末端依次相连，再将每相的始端或末端与电源相连。在三角形连接的三相正弦电路中，线电压等于相电压，若相电流对称，则线电流的有效值为相电流有效值的 $\sqrt{3}$ 倍。

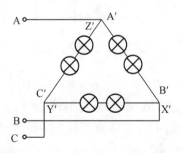

图 2.32　三相负载的三角形连接

3.三相电路功率的测量

（1）对称三相正弦电路。对称三相正弦电路中,负载不论接成星形还是三角形,其有功功率均为

$$P = \sqrt{3}\,U_{L}I_{L}\cos\varphi$$

式中,φ 是相电流滞后相电压的相位差;$\cos\varphi$ 是负载各相的功率因数,也是对称三相负载的功率因数。对称三相电路的有功功率等于其中一相有功功率的 3 倍。

对称三相电路的无功功率为

$$Q = \sqrt{3}\,U_{L}I_{L}\sin\varphi$$

对称三相电路的视在功率为

$$S = \sqrt{3}\,U_{L}I_{L}$$

（2）不对称三相电路。不对称三相电路中,各相电压之间和各相电流之间均无特定关系,只能分别测量各相的功率。负载的有功功率应等于其中各相有功功率之和,即

$$P = P_{A} + P_{B} + P_{C} = U_{A}I_{A}\cos\varphi_{A} + U_{B}I_{B}\cos\varphi_{B} + U_{C}I_{C}\cos\varphi_{C}$$

不对称三相电路的无功功率为

$$Q = Q_{A} + Q_{B} + Q_{C} = U_{A}I_{A}\sin\varphi_{A} + U_{B}I_{B}\sin\varphi_{B} + U_{C}I_{C}\sin\varphi_{C}$$

不对称三相负载的功率因数定义为

$$\lambda = \frac{P}{S} = \frac{P}{\sqrt{P^{2} + Q^{2}}}$$

三相电能质量分析仪可以替代传统实验方法的电压表、电流表和功率表。测量时应先确定三相电源的相序,并注意电流钳夹的接线方向,才能保证正确测量功率值。

五、实验步骤

1.电源相序的测量

三相负载如图2.33所示,其中一个负载为 1 μF 或者 2 μF 的电容器(日光灯的表板处),另两个负载为单只灯泡,为便于观察亮度,两只灯泡的颜色应相同。通过实验的方法验证三相交流电源相序是否与实验台给出的相序一致。

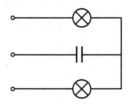

图 2.33　三相负载(相序器)

（1）本次实验电源为线电压 220 V、频率 50 Hz 的工频交流电,输出端 L_1、L_2、L_3 三个接线柱为 A 相、B 相和 C 相输出端,下方 N 线接线柱为零线。空气开关使用时应扳至上方,如发生短路开关将自动跳下断开电源。

（2）将图2.33所示的相序器接到对称三相电源上,不接中性线,当接电容器的一相为 A 相时,灯泡较亮的一相为 B 相,较暗的一相为 C 相。

2.三相电路的电压电流测量

（1）负载星形连接。三相四线制白炽灯照明系统如图 2.34 所示,其中,K_1、K_2、K_3 为板上的三相空气开关,K_4 可以使用日光灯板上的 QS,负载星形连接且每相两只白炽灯。其中 A、B、C 分别为三相电源的输出端;N 和 N′ 分别为电源中性点和负载中性点。

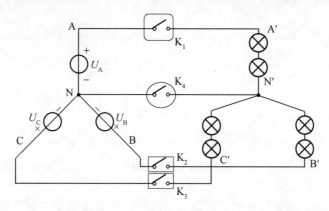

图 2.34　三相四线制白炽灯照明系统

① 测量各相负载电压、线电压、线电流、N 和 N′ 的电压和电流,将结果填入表 2.30 中。总结负载对称时线电压和相电压之间的关系,拍照给老师检查。

② 结合电源相序的测量结果在图 2.35 中绘制三相相电压、线电流波形示意图。

表 2.30　三相四线制对称负载电压、电流测量结果

相电压 /V			线电压 /V			中性线电流 /mA	中性线电压 /V
$U_{A'N'}$	$U_{B'N'}$	$U_{C'N'}$	$U_{A'B'}$	$U_{B'C'}$	$U_{C'A'}$	I_N	U_{NN}

负载星形连接时,相电压与线电压之间数值关系:

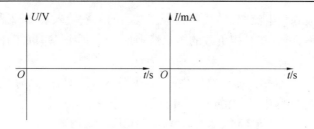

图 2.35　三相相电压、线电流波形示意图

③ 保持电路其他部分不变,断开 N 和 N′ 之间的连线,测量以上的电压、电流,测量数据填入表 2.31 中,分析比较对称负载无中性线和有中性线的区别。

④ 将 C 相负载的白炽灯多加 2 只,即 4 只白炽灯串联工作,其他两相仍为 2 只串联工作（不对称负载）,分别测量有中性线和无中性线时的各电量值,测量数据填入表 2.31 中。

表 2.31　测量数据记录表

实验内容		对称负载		不对称负载	
		有中性线	无中性线	有中性线	无中性线
相电压/V	$U_{A'N'}$				
	$U_{B'N'}$				
	$U_{C'N'}$				
电流/A	I_A				
	I_B				
	I_C				
	I_N				

（2）负载三角形连接。

负载三角形连接如图 2.36 所示。其中，A、B、C 分别为三相电源的输出端，A'B'、B'C'、C'A' 间各接两盏内阻相同的白炽灯。

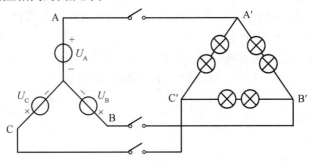

图 2.36　负载三角形连接

① 测量线电流和相电流，总结线和相电流之间的关系填入表 2.32 和表 2.33 中。

② 测量不对称负载（将 C 相负载的白炽灯多加 2 只，即 4 只串联工作，其他两相仍为 2 只串联工作）时的各电量。

提示： 三相三线制对称三相电路发生断线、短路等故障时，则成为不对称三相电路，将出现中性点位移现象，实验中各相白炽灯会出现亮暗不一致的现象。

表 2.32　负载三角形连接电压、电流测量结果

相电流/A			线电流/A			相电压/V		
$I_{A'B'}$	$I_{B'C'}$	$I_{C'A'}$	I_A	I_B	I_C	$U_{A'B'}$	$U_{B'C'}$	$U_{C'A'}$

负载三角形连接时，相电流与线电流之间数值关系：

表 2.33　测量数据记录表

实验内容		对称负载	不对称负载
相电压 /V	$U_{A'B'}$		
	$U_{B'C'}$		
	$U_{C'A'}$		
电流 /A	I_A		
	I_B		
	I_C		

3.三相电路功率的测量

（1）三相四线制电路中各相负载的功率测量。设置三相电能质量分析仪中的电压、频率、电流的测量范围,选择合适的接线方式。实验电路参考图 2.31 所示的负载星形连接(对称负载时,每相串联两盏白炽灯),当负载为表 2.34 中各种情况时,选择合适的方法测量各相负载的功率,测量数据填入表中。根据功率测量结果计算电路的总功率,并对实验结果进行分析总结。

表 2.34　三相四线制功率测量

实验内容	有功功率 /W			视在功率 /V·A			无功功率 /var		
	A	B	C	A	B	C	A	B	C
对称负载									
不对称负载 （两相接白炽灯,一相接 4.7 μF 电容器）									
C 相线断线									

（2）三相三线制电路中各相负载的功率测量。保持负载星形连接,断开中性线,测量表 2.35 中负载各种情况下的功率,测量数据填入表中。根据功率测量结果计算电路的总功率,并对实验结果进行分析总结。

表 2.35　三相三线制功率测量

实验内容	有功功率 /W			视在功率 /V·A			无功功率 /var		
	A	B	C	A	B	C	A	B	C
对称负载									
不对称负载 （两相接白炽灯,一相接 4.7 μF 电容器）									
C 相线断线									
C 相负载短路									

注意事项：

（1）本次实验是强电实验，电压较高，切记保证不带电作业，即在接线、查线、改线、拆线时要切断电源，并严格遵守"先接线后通电""先断电后拆线"的操作顺序，确保人身安全和仪器仪表的安全。

（2）使用三相电源时，不要使用电感，否则会产生220 V以上的电压，易发生危险或损坏设备。

（3）负载连接方式改变时，分析仪的接线方式不需要改变。

（4）因有高温，做实验时勿触摸灯泡，也不要将导线等物体放在灯泡上。

测量提示：

① 本次实验为高电压实验，连接电路时应使用三相实验专用导线、三相实验专用转换夹、三相实验专用电流插头。

② 三相电压的测量可使用数字万用表或者用电能质量分析仪。

③ 负载不对称但有中性线时，各相负载电压仍对称，但此时的中性线电流不为零，中性线的作用在于使星形连接的不对称负载的相电压对称。

④ 负载星形连接各电量的测量可和三相四线制电路中各相负载的功率测量同时进行。

4.设计实验（选做）

自主设计单相电源裂相为对称三相交流电源的电路图，并分析其原理。

六、实验注意事项

（1）遵守实验室的各项规章制度。

（2）在实验过程中不允许带电换线、换元器件。

（3）做完每一项实验时要请指导老师检查数据，签字后方可进行下一步实验。

（4）做完全部实验后，关掉电源，拆线，整理实验台，物归原处，方可离开实验室。

七、故障分析与检查排除

电源正常供电且电路连接正确时，若接通开关白炽灯不亮。可用万用表测量白炽灯内阻，若读数为无穷大证明灯丝已断，切断电源及时更换。

八、实验思考题

（1）当相序器的电容值改变时，两只灯泡的亮度会有怎样的变化？

（2）试分析若三相电源某根相线断路时，三相负载工作是否正常；当某相负载出现断路或短路故障时，其他相负载能否正常工作。

（3）星形连接时，分析比较对称负载无中性线和有中性线的区别。每相负载都开两只灯泡时，N 和 N′ 之间中性线的存在是否对电路有影响？

（4）根据表2.30数据，计算负载星形连接有中性线时的相电压、线电压的数值关系。并按比例画出不对称负载有中性线时各电量的相量图。

（5）三相电能质量分析仪测量功率时，有功功率或功率因数出现负值应该如何处理？

九、实验报告要求

（1）实验步骤、过程需要写在实验报告中。

（2）数据处理过程要写在实验报告中，数据、曲线等必须手写，原始测量数据在课堂上需要老师确认。

（3）由数据得出的曲线在实验后完成，并画在坐标纸上，贴在实验报告中。

（4）实验结果分析及实验结论要根据实验结果给出。

（5）实验的感想、意见和建议写在实验结论之后。

（6）实验思考题需要写在实验报告中。

实验 6　互感电路的测量

一、实验目的

（1）掌握互感线圈同名端的判定方法。

（2）掌握互感线圈互感系数的测量方法。

二、实验预习要求

（1）熟悉同名端及互感系数的测定方法。

（2）预习实验中所用到的相关定理、定律和有关概念。完成实验报告中的实验目的、实验原理以及实验指导书要求的理论计算数据。

（3）预习实验中所用到的实验仪器的使用方法及注意事项。

三、实验仪器与元器件

本实验所需仪器与元器件见表 2.36。

表 2.36　实验仪器与元器件

序号	名称	数量	型号
1	三相空气开关	1 块	30121001
2	单相调压器	1 块	30121058
3	单相电量仪	1 块	30121098
4	双路可调直流电源	1 块	30121046
5	互感耦合线圈	1 组	1 000 N × 1,500 N × 2
6	U 形铁芯	1 副	—
7	电阻器	2 只	10 Ω × 1,510 Ω × 1
8	发光二极管	1 只	红色 ϕ5 mm
9	电容器	1 只	220 μF * 1

续表2.35

序号	名称	数量	型号
10	短接桥和连接导线	若干	P8－1和50148
11	实验用9孔插件方板	1块	300 mm×298 mm
12	单位开关	1个	—
13	示波器	1台	是德 DSOX2014A

四、实验原理

1.同名端的判定方法

两个或两个以上具有互感的线圈中,感应电动势(或感应电压)极性相同的端钮定义为同名端(或称同极性端)。在电路中,常用"·"或"＊"等符号标明互感耦合线圈的同名端。同名端可以用实验方法来确定,常用的有直流法和交流法。

(1)直流法。如图2.37所示,当开关 S 合上瞬间,$\dfrac{\mathrm{d}I_1}{\mathrm{d}t}>0$,在 1－1′中产生的感应电压 $U_1 = M\dfrac{\mathrm{d}I_1}{\mathrm{d}t}>0$,2－2′线圈的 2 端与 1－1′线圈中的 1 端均为感应电压的正极性端,1 端与 2 端为同名端。(反之,若电压表反偏转,则 1 端与 2′端为同名端。)

同理,如果在开关 S 打开时,$\dfrac{\mathrm{d}I_1}{\mathrm{d}t}<0$,同样可用以上的原理来确定互感线圈内感应电压的极性,以此确定同名端。

上述同名端也可以这样来解释,就是当开关 S 打开或闭合瞬间,电位同时升高或降低的端钮即为同名端。如图2.37中,开关 S 合上瞬间,电压表若正偏转,则 1、2 端的电位都升高,所以,1、2 端是同名端。这时若将开关 S 再打开,电压表必反偏转,1、2 端的电位都为降低。(思考:无指针式电压表时,如何利用实验室现有设备通过直流法来判定同名端。)

(2)交流法。如图2.38所示,将两线圈的 1′－2′串联,在 1－1′加交流电源。分别测量 $\dot{U}_1$、$\dot{U}_2$ 和 $\dot{U}_{12}$ 的有效值,若 $U_{12}=U_1-U_2$,则 1 端和 2 端为同名端;若 $U_{12}=U_1+U_2$,则 1 端与 2′端为同名端。

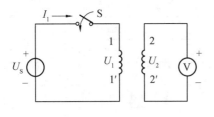

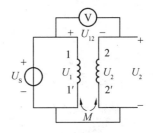

图 2.37　直流法测同名端　　　　　图 2.38　交流法测同名端

2.互感系数 M 的测定

测量互感系数的方法较多,这里介绍两种方法。

(1)互感电动势法测量互感系数。

图 2.39 所示为两个互感耦合线圈的电路,当线圈 1 − 1′ 接正弦交流电压,在线圈 2 − 2′ 即可产生互感电压 $\dot{U}_2 = \mathrm{j}\omega M \dot{I}_1$,其中 ω 为电源的角频率,$\dot{I}_1$ 为线圈 1 − 1′ 中的电流。当电压表的内阻足够大时,可认为测得量即为电压 $\dot{U}_2$,由计算可得互感系数 $M = \dfrac{U_2}{\omega I_1}$。

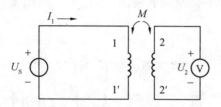

图 2.39　测量开路互感电压

(2)等效电感法测量互感系数。利用两个互感耦合线圈串联的方法,也可以测量它们之间的互感系数,如图 2.40 所示。二端口耦合电感串联可用一个电感来等效,如电流从同名端流入,称为正串(或顺接);电流从异名端流入,称为反串(或反接)。

正串时有

$$U = U_1 + U_2 = \left(L_1 \frac{\mathrm{d}I_1}{\mathrm{d}t} + M \frac{\mathrm{d}I_1}{\mathrm{d}t}\right) + \left(L_2 \frac{\mathrm{d}I_2}{\mathrm{d}t} + M \frac{\mathrm{d}I_2}{\mathrm{d}t}\right) = (L_1 + L_2 + 2M) \frac{\mathrm{d}I}{\mathrm{d}t} = L_{\mathrm{eq}} \frac{\mathrm{d}I}{\mathrm{d}t}$$

可得电感正串时的等效电感为　　　　　$L_{正} = L_1 + L_2 + 2M$

同理,反串时的等效电感为　　　　　$L_{反} = L_1 + L_2 - 2M$

只要分别测出 $L_{正}$、$L_{反}$,则　　　　　$M = (L_{正} - L_{反})/4$

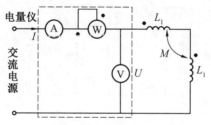

图 2.40　等效电感法测互感系数

五、实验步骤

1.测定两互感耦合线圈的同名端

分别用图 2.37 所示的直流法(U_s 取 5 V)和图 2.38 所示的交流法(U_s 取 5 V_{rms}),测定两端耦合线圈的同名端,注意两种方法测定的同名端是否相同。在测量时,两个线圈都必须插入一个条形铁芯(或者将两线圈内插入一个公共 U 形铁芯),以增强耦合的程度。使用相同匝数的两线圈(L_1 与 L_2 线圈匝数同为 500),记下两线圈的同名端编号。(若没有指针式电压表,直流法时可用发光二极管或示波器来观察。)

直流法测试时,使用单位开关,当使用发光二极管时,回路中要串联电阻限制电流至几十毫安,否则发光二极管容易损坏。下面给出一个使用发光二极管的电路图供参考,如图2.41所示,也可自己设计。

交流法测试时,U_S为单相调压器输出工频交流电压,有效值为5 V左右。分别测量$\dot{U}_1$、$\dot{U}_2$和$\dot{U}_{12}$的有效值,记录数据:$\dot{U}_1 = $ _____,$\dot{U}_2 = $ _____,$\dot{U}_{12} = $ _____。

将其中一个线圈倒过来再测试同名端,$\dot{U}_1 = $ _____,$\dot{U}_2 = $ _____,$\dot{U}_{12} = $ _____。同名端有变化吗? 为什么?

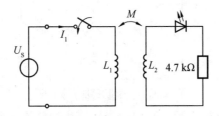

图 2.41 直流法测试同名端

2.测定两互感耦合线圈的互感系数 M

(1) 用开路互感电压法。实验电路如图2.42所示,接入5 V工频电源电压,改变L_2的匝数,在线圈内插入不同的介质材料,观察线圈匝数和介质材料变化对互感的影响,测量I_1和U_2,计算相应的M值,填入表2.37中。

使用电量仪的电流表测试电流I_1;使用电量仪的电压表监测输入电压;使用万用表交流电压表测试U_2。

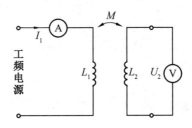

图 2.42 测量开路互感电压

表 2.37 测互感系数实验数据(一)

线圈匝数 L_1/L_2		500/500			500/1 000	
介质变化	同为空心	U 形铁芯	回形铁芯	同为空心	U 形铁芯	回形铁芯
测量值 I_1/mA						
测量值 U_2/V						
计算值 M/mH						

（2）用等效电感法。按图 2.40 接线，接入 12 V 工频电源，使用 U 形铁芯做成的耦合电感，分别测量 L_1 与 L_2（L_1 与 L_2 线圈匝数同为 500）顺向串联和反向串联时的电压 U、电流 I 及功率 P，记入表 2.38 中（电感中的电阻可由 $R = P/I^2$ 计算得到），计算 $L_正$、$L_反$ 及 M。由计算得到的 $L_正$、$L_反$ 可得 M 值为_____。

表 2.38   测互感系数实验数据（二）

U 形铁芯	测量			计算		
串接方式	P/W	U/V	I/mA	R	X_L	L
正串						
反串						
回形铁芯	测量			计算		
串接方式	P/W	U/V	I/mA	R	X_L	L
正串						
反串						

使用回形铁芯做成的耦合电感，分别测量 L_1 与 L_2（L_1 与 L_2 线圈匝数同为 500）顺向串联和反向串联时的电压 U、电流 I 及功率 P。对比使用 U 形铁芯的实验结果，说明差异的原因。

原因：_____

对比由等效电感法测试出来的互感与使用开路互感电压法测试出来的互感值是否一致，并写出思考原因。

（3）观察二次回路负载对一次回路的影响。按图 2.43 接线，选择回形铁芯的两电感（L_1 与 L_2 线圈匝数同为 500），分别在二次回路短路及二次回路开路两种情况下用示波器观察一次回路电压和电流的波形，为了用示波器观测电流波形，在一次回路中串联一个 100 Ω 的电阻。定性画出两种情况下观察到的波形于图 2.44 中并做比较（需要画出有效值、幅值、时间刻度、相位差等参数），分析二次回路负载对一次回路的影响及原因。

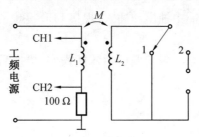

图 2.43   示波器观察二次回路负载对一次回路的影响

影响及原因：_____

注意： 输入电压 U_S 控制在 10 V 以下，串联电阻的功率控制在额定要求的 60% 以下，比如额定功率为 2 W 的电阻，应保证上面消耗的功率在 1.2 W 以下，防止过热损坏。

选择 U 形铁芯的两电感，分别在二次回路短路及二次回路开路两种情况下用示波器观察一次回路电压和电流的波形，为了用示波器观测电流波形，在一次回路中串联一个 100 Ω 的电阻。请比较该结果和使用回形铁芯两电感的结果有何不同并分析原因。

原因：_____

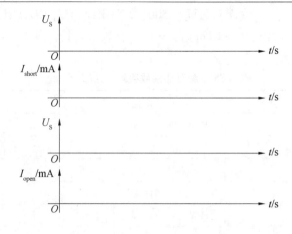

图 2.44   电压、电流波形绘制图

（4）观察互感现象。

① 将交流有效值为 8 V 的低电压加在 L_1 侧，L_2 侧接入 LED 发光二极管与 510 Ω 电阻串联的支路。此时注意观察 LED 发光管的亮度，如发光管不亮，可适当增大 L_1 侧交流电压，直到 LED 发光管亮度适中。

② 画出设计的电路图。

电路图：

③ 将 U 形铁芯从两个线圈中抽出和插入，观察 LED 亮度的变化，并分析原因。

注意事项：

更换元器件和更改电路时，一定要断电后才能操作，更换后，检查完才能重新通电。输入电压禁止短路。

六、实验注意事项

（1）遵守实验室的各项规章制度。

（2）在实验过程中不允许带电换线、换元器件。

（3）做完每一项实验时要请指导老师检查数据，签字后方可进行下一步实验。

（4）全部实验做完后，关掉电源，拆线，整理实验台，物归原处，方可离开实验室。

七、故障分析与检查排除

参见实验 1 中故障分析与检查排除。

八、实验思考题

（1）用直流法判断同名端时，将开关闭合和断开，判断同名端的结果是否一致。

（2）定性分析两线圈的介质变化会对互感产生怎样的影响。

九、实验报告要求

（1）实验步骤、过程需要写在实验报告中。

（2）数据处理过程要写在实验报告中，数据、曲线等必须手写，原始测量数据在课堂上需要老师确认。

（3）由数据得出的曲线在实验后完成，并画在坐标纸上，贴在实验报告中。

（4）实验结果分析及实验结论要根据实验结果给出。

（5）实验的感想、意见和建议写在实验结论之后。

（6）实验思考题需要写在实验报告中。

实验 7　RLC 元件的阻抗特性、
谐振电路及 RC 选频网络特性

一、实验目的

（1）通过实验进一步理解 R、L、C 的阻抗特性，并且练习使用信号发生器和示波器。

（2）了解谐振现象，加深对谐振电路特性的认识，研究电路参数对串联谐振电路特性的影响。

（3）理解谐振电路的选频特性及应用，掌握测试通用谐振曲线的方法。

（4）加深理解 RC 选频网络的选频特性，测量 RC 网络的选频特性。

二、实验预习要求

（1）复习本实验中所涉及的串联谐振、频率特性及 RC 选频网络相关的理论知识，完成实验报告中的相关内容；预习本次实验目的、意义、实验原理及实验电路；完成实验报告中的实验目的、实验原理以及实验指导书要求的理论计算数据。

（2）预习实验中所用到的函数信号发生器、示波器、交流电压表等实验仪器的使用方法及注意事项。

三、实验仪器与元器件

本实验所需仪器与元器件见表 2.39。

表 2.39　实验仪器与元器件

序号	名称	数量	型号
1	信号发生器	1 台	TFG6960A
2	示波器	1 台	是德 DSOX2014A
3	交流毫伏表	1 台	SM2030A
4	万用表	1 台	FLUKE 17B +
5	电阻器	若干	$1\ \Omega \times 1,100\ \Omega \times 15,10\ \Omega \times 1,2\ k\Omega \times 1,15\ k\Omega \times 2$
6	电感器	1 只	$10\ mH \times 1$
7	电容器	若干	$1\ \mu F \times 1,2\ 200\ pF \times 1,0.01\ \mu F \times 2$
8	短接桥和连接导线	若干	P8 - 1 和 50148
9	实验用 9 孔插件方板	1 块	$300\ mm \times 298\ mm$

四、实验原理

1.RLC 串联谐振

（1）正弦交流电路中,电感器的感抗 $X_L = \omega L = 2\pi fL$,空心电感器的电感在一定频率范围内可认为是线性电感,当其电阻值 r 较小,有 $r \ll X_L$ 时,可以忽略其电阻的影响。电容器的容抗 $X_C = 1/\omega C = 1/2\pi fC$。

当电源频率变化时,感抗 X_L 和容抗 X_C 都是频率 f 的函数,称之为频率特性(或阻抗特性)。典型的电感器和电容器的阻抗特性如图 2.45 所示。

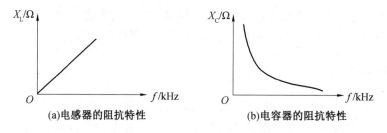

(a)电感器的阻抗特性　　　　　　　(b)电容器的阻抗特性

图 2.45　典型元器件的频率特性曲线

（2）为了测量电感器的感抗和电容器的容抗,可以测量电感器和电容器两端的电压有效值及流过它们的电流有效值。则感抗 $X_L = U_L/I_L$,容抗 $X_C = U_C/I_C$。

当电源频率较高时,用普通的交流电流表测量电流会产生很大的误差,为此可以用电子毫伏表进行间接测量得出电流值,如图 2.46 所示。在电感和电容电路中串入一个阻值较准确的取样电阻 R_0,先用毫伏表测量取样电阻两端的电压值,再换算成电流值。如果取样电阻取为 1 Ω,则毫伏表的读数即为电流的值,这样小的电阻在本次实验中对电路的影响是可以忽略的。

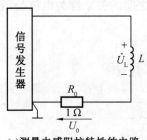
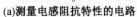
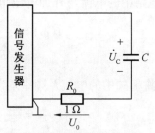

(a)测量电感阻抗特性的电路　　(b)测量电容阻抗特性的电路

图 2.46　测量典型元器件的电路图

在图 2.47 所示的 RLC 串联电路中,当外加角频率为 ω 的正弦电压 $\dot{U}$ 时,电路中的电流为

$$\dot{I} = \frac{\dot{U}}{R' + \mathrm{j}(\omega L - \dfrac{1}{\omega C})}$$

式中,$R' = R + r$,r 为线圈电阻。当 $\omega L = 1/\omega C$ 时,电路发生串联谐振,谐振频率为

$$f_0 = \frac{1}{2\pi\sqrt{LC}}$$

此式即为产生串联谐振的条件。可见,改变 L、C 或电源频率 f 都可以实现谐振。本次实验是通过改变外加电压的频率使电路达到谐振的。

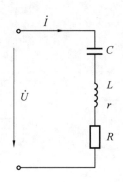

图 2.47　RLC 串联电路

串联谐振有以下特征:

① 谐振时电路的阻抗最小,而且是纯电阻性的,即

$$Z_0 = R' + \mathrm{j}(\omega L - \frac{1}{\omega C}) \Big|_{\omega = \omega_0} = R'$$

此时谐振电流 $\dot{I}$ 与电压 $\dot{U}$ 同相位,且 $I_0 = U/R'$ 为最大值。本次实验就是依据这种特征来找谐振点的。

② 谐振时有 $U_\mathrm{L} = U_\mathrm{C}$,电路的品质因数 Q 为

$$Q = \frac{U_\mathrm{L}}{U} = \frac{U_\mathrm{C}}{U} = \frac{\omega_0 L}{R'} = \frac{1}{\omega_0 C R'} = \frac{\sqrt{L/C}}{R'}$$

RLC 串联电路中的电流与外加电压角频率 ω 之间的关系称为电流的幅频特性,即

$$I(\omega) = \frac{U}{\sqrt{R'^2 + (\omega L - \dfrac{1}{\omega C})^2}}$$

为了便于比较,将上式中的电流及频率均以相对值 I/I_0 及 f/f_0 表示,则

$$\frac{I}{I_0} = \frac{1}{\sqrt{1 + Q^2(\dfrac{f}{f_0} - \dfrac{f_0}{f})^2}}$$

图 2.48 所示为 I/I_0 与 f/f_0 的关系曲线,又称通用串联谐振曲线。可见谐振时电流 I_0 的大小与 Q 值无关,而在其他频率下,Q 值越大,电流越小,串联谐振曲线的形状越尖,说明选择性越好。曲线中 $I/I_0 = 1/\sqrt{2}$ 时,对应的频率 f_2(上限频率)和 f_1(下限频率)之间的宽度为通频带 Δf,即 $\Delta f = f_2 - f_1$。由图 2.48 可见,Q 值越大,通频带越窄,电路的选择性越好。

电路的阻抗角 φ 与频率的关系称为相频特性,即

$$\varphi(\omega) = \arctan \frac{\omega L - \dfrac{1}{\omega C}}{R}$$

其特性曲线如图 2.49 所示。

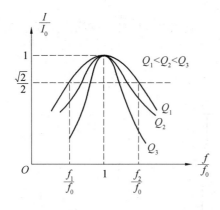

图 2.48　串联谐振曲线

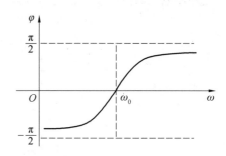

图 2.49　相频特性曲线

2.RC 选频网络

RC 选频网络如图 2.50 所示,由 R_1、C_1 串联及 R_2、C_2 并联网络组成,一般取 $R_1 = R_2 = R$,$C_1 = C_2 = C$。该电路输入信号 U_i 的频率变化时,其输出信号幅度 U_o 随着频率的变化而变化。

用 Z_1 表示串联网络的阻抗,用 Z_2 表示并联网络的阻抗,则有

$$U_o = U_i \frac{Z_2}{Z_1 + Z_2}$$

$$Z_1 = R_1 + \frac{1}{j\omega C_1}$$

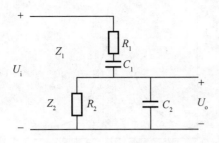

图 2.50   RC 选频网络

$$Z_2 = \frac{R_2}{1 + j\omega R_2 C_2}$$

可以得到

$$\frac{U_o}{U_i} = \frac{\dfrac{R_2}{1 + j\omega R_2 C_2}}{R_1 + \dfrac{1}{j\omega C_1} + \dfrac{R_2}{1 + j\omega R_2 C_2}} = \frac{1}{\left(1 + \dfrac{R_1}{R_2} + \dfrac{C_2}{C_1}\right) + j\left(\omega C_2 R_1 - \dfrac{1}{\omega C_1 R_2}\right)}$$

在实验中取 $R_1 = R_2 = R$，$C_1 = C_2 = C$，则上式变为

$$\frac{U_o}{U_i} = \frac{1}{3 + j\left(\omega RC - \dfrac{1}{\omega RC}\right)}$$

代入 $\omega_0 = \dfrac{1}{RC}$，得到

$$\frac{U_o}{U_i} = \frac{1}{3 + j\left(\dfrac{\omega}{\omega_0} - \dfrac{\omega_0}{\omega}\right)}$$

若用电压传递系数 K 表示 $\dfrac{U_o}{U_i}$ 的模值，则

$$K = \left|\frac{U_o}{U_i}\right| = \frac{1}{\sqrt{3^2 + \left(\dfrac{\omega}{\omega_0} - \dfrac{\omega_0}{\omega}\right)^2}}$$

对应于不同的频率 $f = \dfrac{\omega}{2\pi}$，可以画出 R、C 串联和并联网络的选频特性曲线，如图 2.51 所示。

可见，当频率为 ω_0 时，幅频特性有最大值 U_1''，相频特性为 0。这正是称之为选频网络的原因所在。图 2.51 中，当 $\omega > \omega_0(\omega/\omega_0 > 1)$ 时，电路呈感性；当 $\omega < \omega_0(\omega/\omega_0 < 1)$ 时，电路呈容性；当 $\omega = \omega_0(\omega/\omega_0 = 1)$ 时，$K = K_0 = U_2''$，达到最大值，所以 $f = f_0 = I_1''$ 为谐振频率。

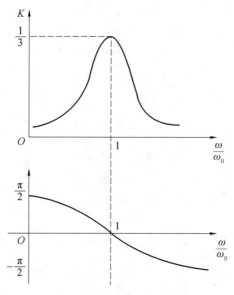

图 2.51　RC 选频网络的频率特性

五、实验步骤

注意:为了使信号发生器有足够的拖动能力,本次实验将信号发生器接为放大模式,其输出电压幅值为设定的 2 倍,例如设置输出 1 V_{rms},实际输出电压为 2 V_{rms}。

1.测量电阻的阻抗特性

测量电路如图 2.52(a) 所示,调节函数发生器输出正弦电压的频率(从低到高,具体频率数据见表 2.40),使用交流毫伏表分别测量 U_R、U_0,计算出 I_R 的值记入表 2.40 中。注意每次改变信号源频率时,应保证信号发生器输出正弦电压保持在 2 V_{rms}(函数发生器的信号为 1 V_{rms}),测试 I_R 是由测上面的电压 U_0 得到的,应正确选择量程。

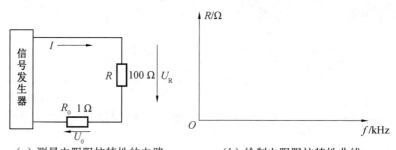

(a) 测量电阻阻抗特性的电路　　　　(b) 绘制电阻阻抗特性曲线

图 2.52　测量电阻的阻抗特性

表 2.40　测量电阻阻抗特性实验数据

频率 f/kHz	0.2	0.5	1.0	2.0	5.0	8.0	10	12
U_R/V								
I_R/mA								
R/Ω								

根据表 2.40 中的实验数据,在图 2.52(b) 所示的坐标平面内绘制 $R = F(f)$ 阻抗特性曲线。

2.测量电感的阻抗特性

测量电路如图 2.46(a) 所示接线。调节信号发生器输出正弦电压为 2 V_{rms},选取 L 为 10 mH,R_0 仍取 1 Ω。按表 2.41 所示数据改变信号发生器的输出频率。分别测量 U_L、U_0 的值记入表 2.41 中,并注意每次改变电源频率时应调节信号发生器的输出电压保持不变。然后,根据 $I_L = U_0/R_0$,$X_L = U_L/I_L$ 两式将计算结果填入表 2.41 中。

表 2.41　测量电感阻抗特性实验数据

频率 f/kHz	0.2	0.5	1.0	2.0	5.0	8.0	10	12
U_L/V								
U_0/V								
I_L/mA								
X_L/Ω								

根据表 2.41 中的实验数据,在图 2.53(a) 所示的坐标平面内绘制 $X_L = F(f)$ 的阻抗特性曲线。

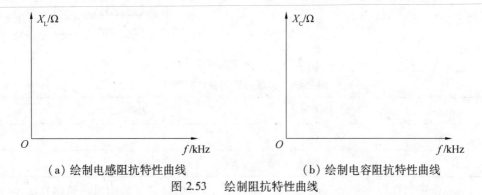

(a) 绘制电感阻抗特性曲线　　　　　　(b) 绘制电容阻抗特性曲线

图 2.53　绘制阻抗特性曲线

3.测量电容的阻抗特性

测量电路如图 2.46(b) 所示接线。调节信号发生器输出正弦电压为 2 V_{rms},选取 C 为 1 μF,R_0 不变,取 1 Ω。改变信号发生器的输出频率(具体频率见表 2.42),分别测量 U_C、U_0 的值记入表 2.42 中,相应调节信号源输出电压保持在 2 V_{rms}。再根据 $I_C = U_0/R_0$,$X_C = U_C/I_C$ 两式将计算结果填入表 2.42 中。根据表 2.42 中的实验数据,在图 2.53(b) 所示的坐标平面内绘制 $X_C = F(f)$ 的阻抗特性曲线。

表 2.42　测量电容阻抗特性实验数据

频率 f/kHz	0.2	0.5	1.0	2.0	5.0	8.0	10	12
U_C/V								
U_0/V								
I_C/mA								
X_C/Ω								

4.谐振电路

（1）寻找谐振频率,验证谐振电路的特点。实验电路如图 2.54 所示。R 取 51 Ω,L 取 10 mH,C 取 0.022 μF(谐振频率为 10 kHz 左右),信号发生器的输出正弦电压保持在 1 V_{rms}(用交流毫伏表监测)。用毫伏表测量电阻 R 上的电压,因为 $U_R = RI$,当 R 一定时,U_R 与 I 成正比,即电路谐振时的电流 I 越大,电阻电压 U_R 也越大。细心调节输出电压的频率,使 U_R 为最大,电路即达到谐振(调节前可先计算谐振频率作为参考),测量电路中的电压 U_R、U_L、U_C,并读取谐振频率 f_0,记入表 2.43 中,同时记下元器件参数 R、L、C 的实际数值。

注意:信号源不允许短路。

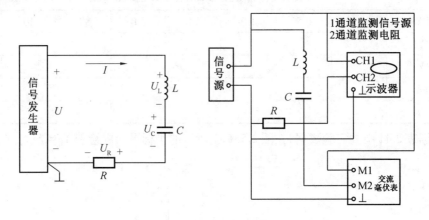

图 2.54　串联谐振实验线路

表 2.43　串联谐振实验数据表格

$R =$	$L =$	$C =$
$U_R =$	$U_L =$	$U_C =$
$f_0 =$	$I_0 = U_R/R =$	$Q =$

（2）测定谐振曲线。实验线路如图 2.54 所示,使得信号发生器输出正弦电压 1 V_{rms},在谐振频率两侧调节输出电压的频率(每次改变频率后均应重新调整输出电压至 1 V_{rms}),电路中 R 为 100 Ω,分别测量各频率点的 U_R 值,记录于表 2.44 中(在谐振点附近要多测几组数据)。再将图 2.53 实验电路中的电阻 R 更换为 510 Ω,重复上述的测量过程,记录于表 2.45 中。最后整理数据,用坐标纸画出其谐振曲线。

表 2.44　谐振曲线数据表格(一)　$U =$ _____(V)

			$R = 100\ \Omega$、$L =$		、$C =$		、$Q =$			
f						f_0				
U_R										
I										
I/I_0										
f/f_0										

表 2.45　谐振曲线数据表格(二)　$U=$ _____ (V)

$R=510\ \Omega$,$L=$		$C=$		$Q=$						
f				f_0						
U_R										
I										
I/I_0										
f/f_0										

(3) 用示波器观测 RLC 串联谐振电路中电流和电压的相位关系。实验电路如图 2.55 所示,R 取 510 Ω,电路中 A 点的电位送入双踪示波器的 Y_A(CH1) 通道,它显示出电路中总电压 u 的波形。将 B 点的电位送入双踪示波器的 Y_B(CH2) 通道,它显示出电阻 R 的波形,此波形与电路中电流 i 的波形相似,因此可以直接把它看作电流 i 的波形。示波器和信号发生器的接地端必须连接在一起。信号发生器的输出频率取谐振频率 f_0,输出电压取 1 V_{rms},调节示波器使屏幕上获得 2 至 3 个波形,将电流 i 和电压 u 的波形描绘下来。再在 f_0 左右各取一个频率点,信号发生器输出电压仍保持 1 V_{rms},观察并描绘 i 和 u 的波形。调节信号发生器的输出频率,在 f_0 左右缓慢变化,观察示波器屏幕上 U_S 和 I_S 波形的相位和幅度的变化,并分析其变化原因。

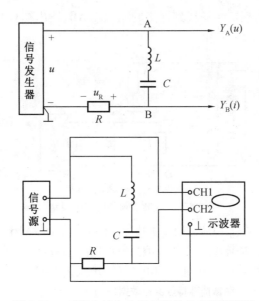

图 2.55　观测电流和电压间相位差实验线路图

变化的原因:_____

注意:示波器的两个探头的负端是通过示波器内部接在一起的,所以测试时也只能测试同一个电位点,注意测试时示波器的两个探头的两端不能碰在一起,否则会造成短路。

请在图 2.56 中绘制 i 和 u 的波形图。

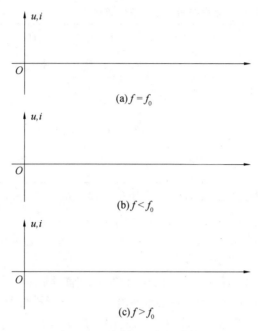

(a)$f = f_0$

(b)$f < f_0$

(c)$f > f_0$

图 2.56　绘制 i 和 u 的波形图

5.RC 选频网络测试

按图 2.57 接线,将低频信号源接到网络的输入端 AD,输出端 CD 接到毫伏表上。R_1、R_2 取 15 kΩ,C_1、C_2 取 0.01 μF(10 nF)。

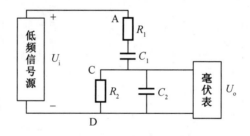

图 2.57　测量选频特性实验线路

保持信号源输出电压 $U_S = 1$ V$_{rms}$($V_{set} = 0.5$ V$_{rms}$),改变信号频率 f,用毫伏表测量相应频率点的输出电压 U_o,记录数据并填入表 2.46。根据电路参数计算出谐振频率 f_0,填入表2.46 中。自选谐振频率附近的 f,测出其对应的电压 U_o,填入表 2.47 中。

表 2.46　测量选频特性实验数据(一)　$U_i =$ _____(V)

f/Hz	100	500	800	900	1 000	1 200	1 500	1 800	2 000
U_o									
$K = U_o/U_i$									

表 2.47 测量选频特性实验数据(二) $U_i =$ _____ (V)

f/Hz				f_0			
U_o							
$K = U_o/U_i$							

六、实验注意事项

(1)遵守实验室的各项规章制度。

(2)在实验过程中不允许带电换线、换元器件。

(3)用交流毫伏表调好信号源的输出电压 1 V_{rms},信号源才能接入电路。

(4)谐振曲线的测定要在电源电压保持不变的条件下进行,因此,调节信号源频率时要保持信号幅度不变。

(5)为了使谐振曲线的顶点绘制精确,可以在谐振频率附近多选几组测量数据。

(6)对于 RC 选频网络,频率较低,调试时应选用低频信号源。

(7)由于元器件参数均为标称值,所以由公式 $f_0 = \dfrac{1}{2\pi RC}$ 所得的频率有误差。

七、故障分析与检查排查

见实验 1 中故障分析与检查排查。

八、实验思考题

(1)根据表 2.41、表 2.42 的实验数据计算 L 和 C 的值,结果与标称值是否一致? 为什么?

(2)用实验数据或现象说明 RLC 串联谐振的主要特征。

(3)总结 RC 选频网络的工作原理。

九、实验报告要求

(1)实验步骤、过程需要写在实验报告中。

(2)数据处理过程要写在实验报告中,数据、曲线等必须手写,原始测量数据在课堂上需要老师确认。

(3)由数据得出的曲线在实验后完成,并画在坐标纸上,贴在实验报告中。

(4)实验结果分析及实验结论要根据实验结果给出。

(5)实验的感想、意见和建议写在实验结论之后。

(6)实验思考题需要写在实验报告中。

实验 8　RC 一阶电路响应研究及 RLC 二阶电路响应研究

一、实验目的

（1）学习使用示波器观察和分析一阶电路及二阶电路的暂态响应。

（2）学会测定 RC 电路时间常数的方法，加深理解 RC 电路过渡过程的规律。

（3）观测 RC 充、放电电路中电流和电容电压的波形图。

（4）观察二阶电路过阻尼、临界阻尼和欠阻尼三种情况下的响应波形。利用响应波形，计算二阶电路暂态过程的有关参数。

二、实验预习要求

（1）复习一阶动态电路时域分析理论，了解时间常数 τ 与电路参数的关系。

（2）复习二阶动态电路时域分析理论，掌握二阶电路 3 种状态下的 R、L、C 的关系式及欠阻尼状态下衰减系数与振荡角频率表达式。完成实验报告中的实验目的、实验原理以及实验指导书要求的理论计算数据。

（3）预习实验中所用到的函数信号发生器、示波器等实验仪器的使用方法及注意事项。

三、实验仪器与元器件

本实验所需仪器与元器件见表 2.48。

表 2.48　实验仪器与元器件

序号	名称	数量	型号
1	信号发生器	1 台	TFG6960A
2	示波器	1 台	是德 DSOX2014A
3	三相空气开关	1 块	30121001
4	可调直流电源	1 块	30121046
5	直流电压电流表	1 块	30111047
6	电阻器	若干	$10\ \Omega \times 1$，$51\ \Omega \times 1$，$150\ \Omega \times 1$，$1\ k\Omega \times 1$，$2.4\ k\Omega \times 1$，$15\ k\Omega \times 1$，$33\ k\Omega \times 1$
7	电感器	1 只	$10\ mH \times 1$
8	电容器	若干	$0.01\ \mu F \times 2$，$10\ \mu F \times 1$，$100\ \mu F \times 1$，$1\ 000\ \mu F \times 1$
9	开关	1 只	双刀双向
10	秒表	1 块	可用手机秒表
11	短接桥和连接导线	若干	P8 - 1 和 50148
12	实验用 9 孔插件方板	1 块	300 mm × 298 mm

四、实验原理

1.RC 一阶电路

（1）RC 电路的充电过程。一阶 RC 电路如图 2.58 所示。

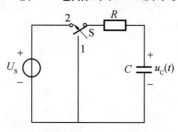

图 2.58　　一阶 RC 电路

图中，设电容器上的初始电压为零，当开关 S 向"2"闭合瞬间，由于电容电压 u_C 不能跃变，电路中的电流为最大，$i = \dfrac{U_S}{R}$；此后，电容电压随时间逐渐升高，直至 $u_C = U_S$；电流随时间逐渐减小，最后 $i = 0$，充电过程结束。充电过程中的电压 u_C 和电流 i 均随时间按指数规律变化。u_C 和 i 的数学表达式为

$$u_C(t) = U_S\left(1 - e^{-\frac{1}{RC}}\right)$$

$$i = \frac{U_S}{R} \cdot e^{-\frac{1}{RC}}$$

上式为其电路方程。用一阶微分方程描述的电路为一阶电路。上述的暂态过程为电容器充电过程，充电曲线如图 2.59 所示。

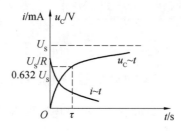

图 2.59　　RC 充电时电压和电流的变化曲线

理论上要无限长的时间电容器充电才能完成，实际上当 $t = 5RC$ 时，u_C 已达到99.3% U_S，充电过程已近似结束。

（2）RC 电路的放电过程。在图 2.58 所示电路中，若电容 C 已充有电压 U_S，将开关 S 向"1"闭合，电容器立即对电阻 R 进行放电，放电开始时的电流为 U_S/R，放电电流的实际方向与充电时相反，放电时的电流 i 与电容电压 u_C 随时间均按指数规律衰减为零，电流和电压的数学表达式为

$$u_C(t) = U_S e^{-\frac{1}{RC}}$$

$$I = -\frac{U_S}{R} \cdot e^{-\frac{1}{RC}}$$

式中，U_S 为电容器的初始电压。这一暂态过程为电容放电过程，放电曲线如图 2.60 所示。

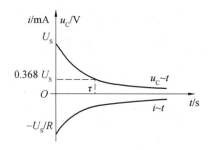

图 2.60　RC 放电电压和电流变化曲线

（3）RC 电路的时间常数。RC 电路的时间常数用 τ 表示，$\tau = RC$，τ 的大小决定了电路充放电的快慢。对充电而言，时间常数 τ 是电容电压 u_C 从零增长到 $63.2\% U_s$ 所需的时间；对放电而言，τ 是电容电压 u_C 从 U_s 下降到 $36.8\% U_s$ 所需的时间。如图 2.60 所示。

（4）RC 充、放电电路中电流和电容电压的波形图。在图 2.61 中，将周期性方波电压加于 RC 电路，当方波电压的幅度上升为 U 时，相当于一个直流电压源 U 对电容 C 充电；当方波电压下降为零时，相当于电容 C 通过电阻 R 放电。图 2.62(a) 和图 2.62(b) 所示为方波电压与电容电压的波形图；图 2.62(c) 所示为电流 i 的波形图，它与电阻电压 u_R 的波形相似。

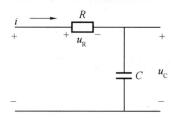

图 2.61　RC 充、放电电路

（5）微分电路和积分电路。图 2.61 的 RC 充、放电电路中，当电源方波电压的周期 $T \gg \tau$ 时，电容器充放电速度很快，若 $u_C \gg u_R$，$u_C \approx u$，在电阻两端的电压 $u_R = R \cdot i \approx RC\dfrac{\mathrm{d}u_C}{\mathrm{d}t} \approx RC\dfrac{\mathrm{d}u}{\mathrm{d}t}$，这就是说电阻两端的输出电压 u_R 与输入电压 u 的微分近似成正比，此电路即称为微分电路，u_R 波形如图 2.62(d) 所示。

当电源方波电压的周期 $T \ll \tau$ 时，电容器充放电速度很慢，若 $u_C \ll u_R$，$u_R \approx u$，在电阻两端的电压 $u_C = \dfrac{1}{C}\displaystyle\int i\mathrm{d}t = \dfrac{1}{C}\displaystyle\int \dfrac{u_R}{R}\mathrm{d}t \approx \dfrac{1}{C}\displaystyle\int u\mathrm{d}t$，这就是说电容两端的输出电压 u_C 与输入电压 u 的积分近似成正比，此电路称为积分电路，u_C 波形如图 2.62(e) 所示。

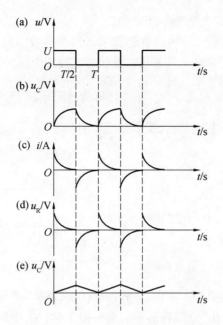

图 2.62　RC 充、放电电路的电流和电压波形

2.二阶电路

（1）用二阶微分方程来描述的电路称为二阶方程。如图 2.63 所示的 RLC 串联电路就是典型的二阶电路。根据回路电压定律，当 $t = 0_+$ 时，电路存在：

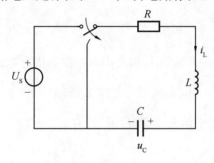

图 2.63　RLC 串联电路

$$LC \frac{\mathrm{d}^2 u_\mathrm{C}}{\mathrm{d}t^2} + RC \frac{\mathrm{d}u_\mathrm{C}}{\mathrm{d}t} + u_\mathrm{C} = 0 \tag{2.4}$$

$$u_\mathrm{C}(0_+) = u_\mathrm{C}(0_-) = U_\mathrm{s} \tag{2.5}$$

$$\frac{\mathrm{d}u_\mathrm{C}(0_+)}{\mathrm{d}t} = \frac{i_\mathrm{L}(0_+)}{C} = \frac{i_\mathrm{L}(0_-)}{C} \tag{2.6}$$

式（2.4）中，每一项均为电压。第一项是电感上的电压 U_L；第二项是电阻上的电压 u_R；第三项是电容上的电压 u_C。即回路中的电压之和为零。各项都是电容上电流 i_C 的函数。这里是二阶方程。

式（2.5）中，由于电容两端电压不能突变，所以电容上电压 u_C 在开关接通前后瞬间都是相等的，都等于信号电压 U_s。

式（2.6）中，电容上电压对时间的变化率等于电感上电流对时间的变化率，都等于零，即电容上电压不能突变,电感上电流不能突变。

（2）由 R、L、C 串联形成的二阶电路在选择了不同的参数以后,会产生三种不同的响应,即过阻尼状态、欠阻尼状态(衰减振荡)和临界状态三种情况。

① 当电路中的电阻过大了,$R > 2\sqrt{\dfrac{L}{C}}$ 时,称为过阻尼状态。响应中的电压、电流呈现出非周期性变化的特点。其电压、电流波形如图 2.64(a) 所示。

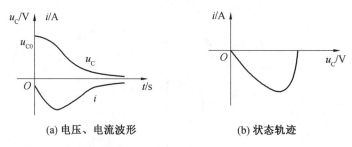

(a) 电压、电流波形　　　　　　　　　(b) 状态轨迹

图 2.64　过阻尼状态 RLC 串联电路电压、电流波形及其状态轨迹

从图 2.64(a) 中可以看出,电流振荡不起来。图 2.64(b) 中所示的状态轨迹,就是伏安特性。电流由最大减小到零,没有反方向的电流和电压,是因为经过电阻时能量全部给电阻吸收了。

② 当电路中的电阻过小了,$R < 2\sqrt{\dfrac{L}{C}}$ 时,称为欠阻尼状态。响应中的电压、电流具有衰减振荡的特点,此时衰减系数 $\delta = \dfrac{R}{2L}$,$\omega_0 = \dfrac{1}{\sqrt{LC}}$ 是在 $R = 0$ 的情况下的振荡频率,称为无阻尼振荡电路的固有角频率。在 $R \neq 0$ 时,RLC 串联电路的固有振荡角频率 $\omega' = \sqrt{\omega_0^2 - \delta^2}$ 将随 $\delta = \dfrac{R}{2L}$ 的增加而下降。其电压、电流波形如图 2.65(a) 所示。从图 2.65(a) 中可见,有反方向的电压和电流,这是因为电阻较小,当过零后,有反充电的现象。

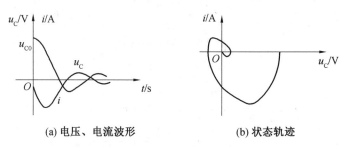

(a) 电压、电流波形　　　　　　　　　(b) 状态轨迹

图 2.65　欠阻尼状态 RLC 串联电路电压、电流波形及其状态轨迹

③ 当电路中的电阻适中,$R = 2\sqrt{\dfrac{L}{C}}$ 时,称为临界状态。此时,衰减系数 $\delta = \omega_0$,$\omega' = \sqrt{\omega_0^2 - \delta^2} = 0$,暂态过程界于非周期与振荡之间,其本质属于非周期暂态过程。

五、实验步骤

要求:下面所有的波形,都需要画 1 ~ 2 个周期。

1.测定 RC 电路充电和放电过程中电容电压的变化规律

(1) 实验线路如图 2.66 所示,电阻 R 取 15 kΩ,电容 C 取 1 000 μF,直流稳压电源 U_S 输出电压取 10 V,万用表置直流电压 V 档,将万用表并接在电容 C 的两端。首先用导线将电容 C 短接放电,以保证电容的初始电压为零;然后,将开关 S 打向位置"1",电容器开始充电,同时立即用秒表计时,读取不同时刻的电容电压 u_C,直至时间 $t = 5\tau$ 时结束,将 t 和 $u_C(t)$ 记入表 2.49 中;充电结束后,记下 u_C 值,在将开关 S 打向位置"2"处,电容器开始放电,同时立即用秒表重新计时,读取不同时刻的电容电压 u_C,也记入表 2.49 中。

(2) 将图 2.66 电路中的电阻 R 换为 33 kΩ,重复上述测量,测量结果记入表 2.50 中。

(3) 根据表 2.49 和表 2.50 所测得的数据,以 u_C 为纵坐标,时间 t 为横坐标,在图 2.67 中绘制 RC 电路中电容电压充、放电曲线 $u_C = f(t)$。

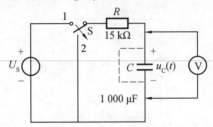

图 2.66　RC 充电电路(测 u_C 变化规律) 实验线路

表 2.49　RC 一阶电路充、放电实验数据(一)　R = 15 kΩ　C = 1 000 μF　U_S = 10 V

t/s	0	5	10	15	20	25	30	35	40	50	60	70	80	90
u_C/V 充电														
u_C/V 放电														

表 2.50　RC 一阶电路充、放电实验数据(二)　R = 33 kΩ　C = 1 000 μF　U_S = 10 V

t/s	0	5	10	15	20	25	30	40	60	80	100	120	150	180
u_C/V 充电														
u_C/V 放电														

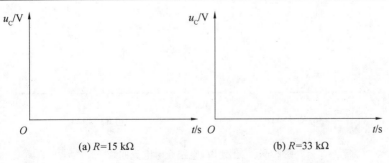

(a) R=15 kΩ　　　　(b) R=33 kΩ

图 2.67　绘制 RC 电路中电容电压充、放电曲线

注意事项:

① 实验所用电解电容器有极性,接线时注意不要接反,电解电容器接反后会发生爆炸,电解电容器侧面写着"-"的一面对应的管脚为负极,另一端为正极。

② 如果在充电过程中计数出错,可以将开关打到 2 处,将 R 更换为 100 Ω 电阻,快速放电,然后更换电阻,重新测量;如果在放电过程中计数出错,可以将开关打到 1 处,将 R 更换为 100 Ω 电阻,快速充电,然后重新测量。

③ 在更换电路参数时,输入要断电。

*2. 测定 RC 电路充电过程中电流的变化规律(选做)

(1)实验线路如图 2.68 所示,电阻 R 取 15 kΩ,电容 C 取 1 000 μF,直流稳压电源的输出电压取 10 V,万用表置电流 mA 档(注意万用表的接线),将万用表串联于实验线路中。首先用导线将电容 C 短接,使电容内部的电放光,在拉开电容两端连接导线的一端同时计时,记录下充电时间分别为 5 s、10 s、20 s、25 s、30 s、35 s、40 s、45 s 时的电流值,将数据记录于表 2.51 中。

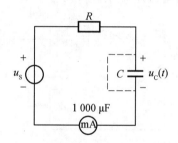

图 2.68　RC 充电电路(测 i 变化规律) 实验线路

(2)将图 2.67 电路中的电阻 R 换为 33 kΩ,重复上述过程,测量结束记录于表 2.51 中。

表 2.51　RC 充电过程中电流 I 变化数据记录

充电时间 /s	0	5	10	15	20	25	30	40	45
R = 15 kΩ　C = 1 000 μF									
R = 33 kΩ　C = 1 000 μF									

(3)根据表 2.51 中所列的数据,以充电电流 I 为纵坐标,充电时间 t 为横坐标,在图 2.69 中绘制 RC 电路充电电流曲线 $I = f(t)$。

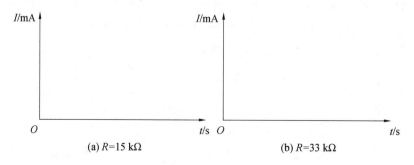

图2.69　绘制 RC 电路充电电流曲线

3.时间常数的测定

（1）实验线路如图2.66所示，R 取 33 kΩ，使用示波器的 cursor 测量功能，测量 u_C 从零上升到 63.2%U_S 所需的时间，亦即测量充电时间常数 τ_1；再测量 u_C 从 U_S 下降到 36.8%U_S 所需的时间，亦即测量放电时间常数 τ_2。将 τ_1、τ_2 记入下面空格处。（$U_S = 10$ V）

充电过程中：计算：63.2%U_S = _____；测量：τ_1 = _____。

放电过程中：计算：36.8%U_S = _____；测量：τ_2 = _____。

（2）实验线路如图2.66所示，R 取 33 kΩ，电容 C 取 100 μF。实验方法同上，观测电容充电过程中电流变化情况，试用时间常数的概念，比较说明 R、C 对充放电过程的影响与作用。τ_3 = _____；τ_4 = _____。

影响与作用：_____

_____

4.观测 RC 电路充、放电时电流 i 和电容电压 u_C 的变化波形

实验线路如图2.66所示，其中 R 取 1 kΩ；C 取 10 μF；电源信号为频率 $f = 1\,000$ Hz，幅度为 1 V_{p-p}；占空比为 50%；偏置电压为 0.5 mV 的方波电压。

方波电压波形如图 2.70 所示。

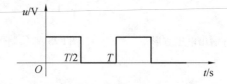

图 2.70   方波电压波形

用示波器观看电压波形，电容电压 u_C 由示波器的 Y_A 通道输入，方波电压 u 由 Y_B 通道输入，调整示波器各旋钮，观察 u 与 u_C 的波形。改变电阻阻值，使 $R = 3$ kΩ，观察电压 u_C 波形的变化，分析其原因，并将观察所得波形绘制于图 2.71 中。

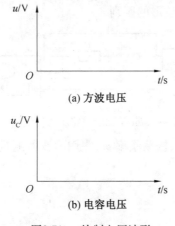

(a) 方波电压

(b) 电容电压

图2.71   绘制电压波形

5.观测积分和微分电路输出电压的波形

按图 2.66 接线，取 $R = 1$ kΩ；$C = 10$ μF（$\tau = RC = 10$ ms）；电源方波电压 u 的频率为

1 kHz;幅值为 1 V_{p-p}($T = 1/1\ 000 = 1$ ms $\ll \tau$);占空比为 50%;偏置电压为 0.5 mV。在电容两端的电压 u_C 即为积分输出电压,将方波电压 u 输入示波器的 Y_B 通道,u_C 输入示波器的 Y_A 通道,观察并在图 2.72 中描绘 u 和 u_C 的波形图。再将图 2.66 中 R 和 C 的位置互换,取 $C = 10\ \mu F$,$R = 10\ \Omega$($\tau = RC = 0.1$ ms),电源方波电压 u 同上($T = 1/1\ 000 = 1\ ms \gg \tau$),在电阻两端的电压 u_R 即为微分输出电压,将 u 输入示波器的 Y_B 通道,u_R 输入示波器的 Y_A 通道,观察并在图 2.73 中描绘 u 和 u_R 的波形图。

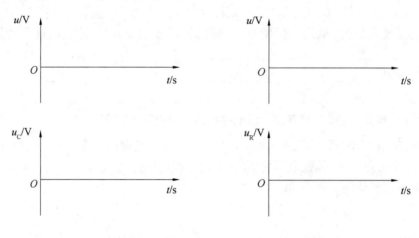

图2.72　绘制积分输出电压波形　　　　图2.73　绘制微分输出电压波形

6.观察二阶电路的响应波形

将电阻器、电容器、电感器串联成如图 2.74 所示的接线图,函数发生器输出方波 $U_S = 1\ V_{p-p}$;$f = 2$ kHz;占空比 50%;偏置电压为 0.5 mV。改变电阻 R,分别使电路工作在过阻尼、欠阻尼和临界振荡状态,测量输入电压和电容电压波形。

注意:V_{p-p} 和 V_{rms} 设置下,波形的区别。

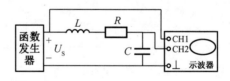

图 2.74　二阶电路实验接线图

数据计算,求出衰减系数 δ、振荡频率 ω,并用示波器测量其电容上电压的波形,将波形及数据处理结果填入表 2.52 中。

表 2.52　二阶电路实验数据(一) $\omega_0 = \dfrac{1}{\sqrt{LC}}$

条件	$L = 10$ mH　　$C = 0.02$ μF　　$f_0 =$		
	$R_1 = 51$ Ω	$R_2 = 1$ kΩ	$R_3 = 2.4$ kΩ
$\delta = \dfrac{R}{2L}$			
$\omega = \sqrt{\omega_0^2 - \delta^2}$		—	
电路状态			
波形			

7.测量不同参数下的衰减系数和波形

保证电路一直处于欠阻尼状态,取三个不同阻值的电阻,用示波器测量电阻电压波形,并计算出衰减系数,将波形和数据填入表 2.53 中。

表 2.53　二阶电路实验数据(二) $\omega_0 = \dfrac{1}{\sqrt{LC}}$

条件	$L = 10$ mH　　$C = 0.02$ μF　　$f_0 =$		
	$R_1 = 10$ Ω	$R_2 = 51$ Ω	$R_3 = 150$ Ω
$\delta = \dfrac{R}{2L}$			
$\omega = \sqrt{\omega_0^2 - \delta^2}$			
电路状态			
波形			

六、实验注意事项

(1) 遵守实验室的各项规章制度。

(2) 在实验过程中不允许带电换线、换元器件。

(3) 当使用万用表测量变化中的电容电压时,不要换挡,以保证电路的电阻值不变。

(4) 秒表计时和电压／电流表读数要互相配合,尽量做到同步。

(5) 电解电容器有正负极性,使用时切勿接错。

(6) 每次做 RC 充电实验前,都要用导线短接电容器的两极,以保证其初始电压为零。

七、故障分析与检查排除

见实验 1 中故障分析与检查排除。

八、实验思考题

(1) 根据实验结果,分析 RC 电路中充、放电时间的长短与电路中 RC 元器件参数的关系。

(2) 说明 RC 串联电路在什么条件下构成微分电路和积分电路。

(3)LC 串联电路的暂态过程为什么会出现三种不同的工作状态? 试从能量转换角度对其做出解释。

(4) 电路产生振荡的条件是什么? 振荡波形如何? u_C 与电路参数 R、L、C 有何关系?

九、实验报告要求

(1) 实验步骤、过程需要写在实验报告中。

(2) 数据处理过程要写在实验报告中,数据、曲线等必须手写,原始测量数据在课堂上需要老师确认。

(3) 由数据得出的曲线在实验后完成,并画在坐标纸上,贴在实验报告中。

(4) 实验结果分析及实验结论要根据实验结果给出。

(5) 实验的感想、意见和建议写在实验结论之后。

(6) 实验思考题需要写在实验报告中。

实验 9　二端口网络

一、实验目的

(1) 掌握二端口参数测定的一般方法。

(2) 理解交流参数测量的方法在二端口参数测量中的应用。

二、实验预习要求

(1) 复习电路教材中二端口网络的定义、参数方程和等效电路等相关知识。

(2) 预习二端口参数测定的方法,二端口网络互易对称特性,及二端口网络的等效电路等理论知识。

(3) 完成实验报告中的实验目的、实验原理以及实验指导书要求的理论计算数据。

(4) 预习实验中所用到的实验仪器的使用方法及注意事项。

（5）根据实验电路计算所要求测试的量的理论数据，填入实验报告中。

三、实验仪器与元器件

本实验所需仪器与元器件见表 2.54。

表 2.54　实验仪器与元器件

序号	名称	数量	型号
1	直流稳压电源	1 台	DP832A
2	手持万用表	1 台	Fluke17B +
3	直流电压电流表	1 块	30111047
4	电阻器	若干	—
5	函数发生器	1 台	TFG6960AW
7	测电流插孔	3 只	—
8	电流插孔导线	3 条	—
9	短接桥和连接导线	若干	P8 – 1 和 50148
10	实验用 9 孔插件方板	1 块	300 mm × 298 mm
11	直流恒流源	1 台	SL1500

四、实验原理

1.二端口网络参数的测量

对于一个线性网络，其输入端口与输出端口的电压和电流之间的相互关系十分重要。

对于如图 2.75 所示线性无独立电源二端口网络，其独立端口变量分别为两个端口电压 $\dot{U}_1$、$\dot{U}_2$ 和两个端口电流 $\dot{I}_1$、$\dot{I}_2$。对于这 4 个变量之间的关系，可以采用多种形式的参数方程来表示，如导纳参数方程、阻抗参数方程、传输参数方程和混合参数方程。以下称端子 1、1′ 为端口 1；称端子 2、2′ 为端口 2。

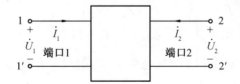

图 2.75　二端口网络端口变量的参考方向

（1）导纳参数（**Y** 参数）。

① 导纳参数方程。用端口电压表示端口电流时，可得

$$\dot{I}_1 = Y_{11}\dot{U}_1 + Y_{12}\dot{U}_2$$

$$\dot{I}_2 = Y_{21}\dot{U}_1 + Y_{22}\dot{U}_2$$

(2.7)

式中，系数 Y_{11}、Y_{12}、Y_{21}、Y_{22} 具有导纳的量纲，称为二端口的导纳参数，简称 **Y** 参数，即

$$Y = \begin{bmatrix} Y_{11} & Y_{12} \\ Y_{21} & Y_{22} \end{bmatrix}$$

② 测量方法。对于未给出其内部电路的电路结构和元器件参数的二端口网络,可通过实验测定其等效 Y 参数。在端口 1 处施电压 $\dot{U}_1$,将端口 2 短路,即 $\dot{U}_2 = 0$,如图 2.76(a) 所示。由式(2.7) 可得

$$Y_{11} = \frac{\dot{I}_1}{\dot{U}_1}\bigg|_{\dot{U}_2 = 0}, Y_{21} = \frac{\dot{I}_2}{\dot{U}_1}\bigg|_{\dot{U}_2 = 0}$$

同理,在端口 2 处施电压 $\dot{U}_2$,将端口 1 短路,即 $\dot{U}_1 = 0$,如图 2.76(b) 所示。由式(2.7) 可得

$$Y_{12} = \frac{\dot{I}_1}{\dot{U}_2}\bigg|_{\dot{U}_1 = 0}, Y_{22} = \frac{\dot{I}_2}{\dot{U}_2}\bigg|_{\dot{U}_1 = 0}$$

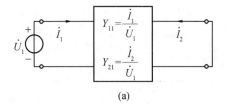 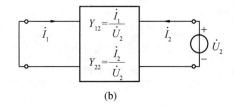

(a)　　　　　　　　　　　　　　(b)

图 2.76　导纳参数的测定

(2) 阻抗参数(Z 参数)。

① 阻抗参数方程。用端口电流表示端口电压时,可得

$$\dot{U}_1 = Z_{11}\dot{I}_1 + Z_{12}\dot{I}_2$$
$$\dot{U}_2 = Z_{21}\dot{I}_1 + Z_{22}\dot{I}_2 \tag{2.8}$$

式中,系数 Z_{11}、Z_{12}、Z_{21}、Z_{22} 具有阻抗的量纲,称为二端口的阻抗参数,简称 Z 参数,即

$$Z = \begin{bmatrix} Z_{11} & Z_{12} \\ Z_{21} & Z_{22} \end{bmatrix}$$

② 测量方法。对于未给出其内部电路的电路结构和元器件参数的二端口网络,可通过实验测定其等效 Z 参数。在端口 1 处施电流 $\dot{I}_1$,将端口 2 开路,即 $\dot{I}_2 = 0$,如图 2.77(a) 所示。由式(2.8) 可得

$$Z_{11} = \frac{\dot{U}_1}{\dot{I}_1}\bigg|_{\dot{I}_2 = 0}, Z_{21} = \frac{\dot{U}_2}{\dot{I}_1}\bigg|_{\dot{I}_2 = 0}$$

同理,在端口 2 处施电流 $\dot{I}_2$,将端口 1 开路,即 $\dot{I}_1 = 0$,如图 2.77(b) 所示。由式(2.8) 可得

$$Z_{12} = \frac{\dot{U}_1}{\dot{I}_2}\bigg|_{\dot{I}_1 = 0}, Z_{22} = \frac{\dot{U}_2}{\dot{I}_2}\bigg|_{\dot{I}_1 = 0}$$

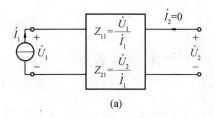 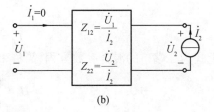

(a)   (b)

图 2.77   阻抗参数的测定

（3）传输参数（A 参数）。

① 传输参数方程。用输出端口的电压 $\dot{U}_2$ 和电流 $\dot{I}_2$ 表示输入端口的电压 $\dot{U}_1$ 和电流 $\dot{I}_1$ 时,可得

$$\dot{U}_1 = A_{11}\dot{U}_2 + A_{12}(-\dot{I}_2)$$

$$\dot{I}_1 = A_{21}\dot{U}_2 + A_{22}(-\dot{I}_2)$$

(2.9)

上式为二端口的传输参数方程,简称 A 参数方程,其中 A 参数矩阵为

$$A = \begin{bmatrix} A_{11} & A_{12} \\ A_{21} & A_{22} \end{bmatrix}$$

② 测量方法。对于未给出其内部电路的电路结构和元器件参数的二端口网络,可通过实验测定其等效 A 参数。在端口 1 处施电压 $\dot{U}_1$,将端口 2 开路,即 $\dot{I}_2 = 0$,如图 2.78(a) 所示。由式(2.9) 可得

$$A_{11} = \frac{\dot{U}_1}{\dot{U}_2}\bigg|_{\dot{I}_2=0} , A_{21} = \frac{\dot{I}_1}{\dot{U}_2}\bigg|_{\dot{I}_2=0}$$

同理,在端口 1 处施电压 $\dot{U}_1$,将端口 2 短路,即 $\dot{U}_2 = 0$,如图 2.78(b) 所示。由式(2.9) 可得

$$A_{12} = \frac{\dot{U}_1}{-\dot{I}_2}\bigg|_{\dot{U}_2=0} , A_{22} = \frac{\dot{I}_1}{-\dot{I}_2}\bigg|_{\dot{U}_2=0}$$

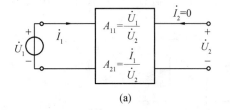 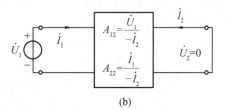

(a)   (b)

图 2.78   传输参数的测定

（4）混合参数（H 参数）。

① 混合参数方程。用端口 1 的电流和端口 2 的电压作为自变量来表示端口 1 的电压和端口 2 的电流,可得

$$\dot{U}_1 = H_{11}\dot{I}_1 + H_{12}\dot{U}_2$$

$$\dot{I}_2 = H_{21}\dot{I}_1 + H_{22}\dot{U}_2 \tag{2.10}$$

上式为二端口的混合参数方程,简称 **H** 参数方程,其中 **H** 参数矩阵为

$$\boldsymbol{H} = \begin{bmatrix} H_{11} & H_{12} \\ H_{21} & H_{22} \end{bmatrix}$$

② 测量方法。对于未给出其内部电路的电路结构和元器件参数的二端口网络,可通过实验测定其等效 **H** 参数。在端口 1 处施电流 $\dot{I}_1$,将端口 2 短路,即 $\dot{U}_2 = 0$,如图 2.79(a) 所示。由式(2.10) 可得

$$H_{11} = \left. \frac{\dot{U}_1}{\dot{I}_1} \right|_{\dot{U}_2 = 0}, H_{21} = \left. \frac{\dot{I}_2}{\dot{I}_1} \right|_{\dot{U}_2 = 0}$$

同理,在端口 2 处施电压 $\dot{U}_2$,将端口 1 开路,即 $\dot{I}_1 = 0$,如图 2.79(b) 所示。由式(2.10) 可得

$$H_{12} = \left. \frac{\dot{U}_1}{\dot{U}_2} \right|_{\dot{I}_1 = 0}, H_{22} = \left. \frac{\dot{I}_2}{\dot{U}_2} \right|_{\dot{I}_1 = 0}$$

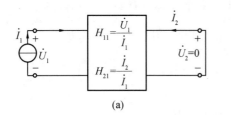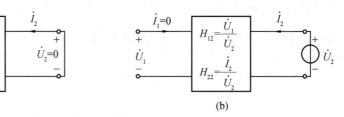

（a）   （b）

图 2.79   混合参数的测定

2.二端口网络的级联

当几个二端口按一定方式连接起来,且不破坏端口条件,就组成一个复合二端口。这种二端口之间的连接称为级联。即前一个二端口的输出端口与后一个二端口的输入端口相连,如图 2.80 所示。分析级联组成的复合二端口与两个二端口间的关系时,采用传输参数较方便。

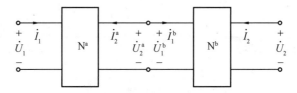

图 2.80   二端口网络的级联

根据图 2.80 可得二端口 N^a 和 N^b 的传输参数方程为

$$\begin{bmatrix} \dot{U}_1 \\ \dot{I}_1 \end{bmatrix} = \begin{bmatrix} A_{11}^{a} & A_{12}^{a} \\ A_{21}^{a} & A_{22}^{a} \end{bmatrix} \begin{bmatrix} \dot{U}_2^{a} \\ -\dot{I}_2^{a} \end{bmatrix} \tag{2.11}$$

$$\begin{bmatrix} \dot{U}_1^{b} \\ \dot{I}_1^{b} \end{bmatrix} = \begin{bmatrix} A_{11}^{b} & A_{12}^{b} \\ A_{21}^{b} & A_{22}^{b} \end{bmatrix} \begin{bmatrix} \dot{U}_2 \\ -\dot{I}_2 \end{bmatrix} \tag{2.12}$$

二端口 N^a 的输出端口和二端口 N^b 的输入端口存在如下关系：

$$\begin{bmatrix} \dot{U}_2^{a} \\ -\dot{I}_2^{a} \end{bmatrix} = \begin{bmatrix} \dot{U}_1^{b} \\ \dot{I}_1^{b} \end{bmatrix} \tag{2.13}$$

将式(2.13)代入式(2.12)和式(2.11)有

$$\begin{bmatrix} \dot{U}_1 \\ \dot{I}_1 \end{bmatrix} = \begin{bmatrix} A_{11}^{a} & A_{12}^{a} \\ A_{21}^{a} & A_{22}^{a} \end{bmatrix} \begin{bmatrix} A_{11}^{b} & A_{12}^{b} \\ A_{21}^{b} & A_{22}^{b} \end{bmatrix} \begin{bmatrix} \dot{U}_2 \\ -\dot{I}_2 \end{bmatrix} = \begin{bmatrix} A_{11} & A_{12} \\ A_{21} & A_{22} \end{bmatrix} \begin{bmatrix} \dot{U}_2 \\ -\dot{I}_2 \end{bmatrix} \tag{2.14}$$

式中 $$\begin{bmatrix} A_{11} & A_{12} \\ A_{21} & A_{22} \end{bmatrix} = \begin{bmatrix} A_{11}^{a} & A_{12}^{a} \\ A_{21}^{a} & A_{22}^{a} \end{bmatrix} \begin{bmatrix} A_{11}^{b} & A_{12}^{b} \\ A_{21}^{b} & A_{22}^{b} \end{bmatrix}$$

即级联二端口的传输参数矩阵，等于各级联的二端口的传输参数矩阵的乘积。

3.二端口网络互易对称特性的测量

二端口互易指的是二端口满足互易定理。即若一个端口的激励电压源 $\dot{U}_S$ 与另一端口的响应电流互易位置后，电流满足 $\dot{I}_2 = \dot{I}_1$，则称该二端口是互易的，如图 2.81 所示。若一个端口是互易的，则 Y、Z、A、H 参数矩阵中的 4 个参数将只有 3 个独立参数。

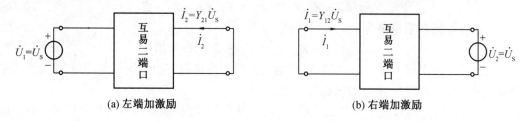

(a) 左端加激励   (b) 右端加激励

图 2.81   互易二端口的说明

根据导纳参数方程可知：$\dot{I}_1 = Y_{12}\dot{U}_S$，$\dot{I}_2 = Y_{21}\dot{U}_S$，因此具有互易性的二端口有 $Y_{12} = Y_{21}$。反之，若 $Y_{12} = Y_{21}$，则称此二端口为互易二端口。

若二端口 Y 参数同时满足 $Y_{12} = Y_{21}$ 和 $Y_{11} = Y_{22}$，则称为对称二端口。对称二端口仅含两个独立参数。所谓对称二端口，是指二端口与外电路互联时，将二端口的输入端口与输出端口对换后，二端口的特性保持不变。

根据 Y 参数表示的二端口互易对称条件，推导出 Z、A、H 参数的互易条件和对称条件见

表 2.55。

表 2.55   Z、A、H 参数的互易条件和对称条件

分类	互易条件	对称条件
Z 参数	$Z_{12} = Z_{21}$	$Z_{12} = Z_{21}$ 和 $Z_{11} = Z_{22}$
A 参数	$A_{11}A_{22} - A_{12}A_{21} = 1$	$A_{11}A_{22} - A_{12}A_{21} = 1$ 和 $A_{11} = A_{22}$
H 参数	$H_{12} = -H_{21}$	$H_{11}H_{22} - H_{12}H_{21} = 1$ 和 $H_{12} = -H_{21}$

4.互易二端口网络的等效电路

互易二端口参数矩阵中仅有三个独立参数,因此互易二端口的等效电路可由三个阻抗或导纳元器件来组成。这三个元器件可连成 T 形电路或 π 形电路,如图 2.82 所示。

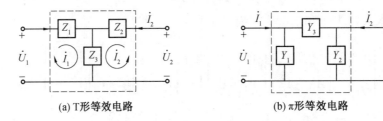

(a) T形等效电路   (b) π形等效电路

图 2.82   互易二端口网络的 T 形和 π 形等效电路

（1）若给定二端口的 **Z** 参数,宜选用 T 形等效电路,根据阻抗参数方程分别求得三个阻抗 Z_1、Z_2、Z_3,如式（2.15） ~ （2.17）所示。

阻抗参数方程为

$$\dot{U}_1 = (Z_1 + Z_3)\dot{I}_1 + Z_3\dot{I}_2$$
$$\dot{U}_2 = Z_3\dot{I}_1 + (Z_2 + Z_3)\dot{I}_2 \tag{2.15}$$

T 形等效电路与 **Z** 参数的对应关系为

$$Z_{11} = Z_1 + Z_3, Z_{12} = Z_{21} = Z_3, Z_{22} = Z_2 + Z_3 \tag{2.16}$$

则 T 形等效电路各阻抗值为

$$Z_1 = Z_{11} - Z_{12}, Z_2 = Z_{22} - Z_{12}, Z_3 = Z_{12} \tag{2.17}$$

若要进一步求得 π 形等效电路,可根据无源星形网络与三角形网络的等效关系,由 T 形等效电路参数值求得 π 形等效电路各参数值。

（2）若给定二端口的 **Y** 参数,宜选用 π 形等效电路,根据阻抗参数方程分别求得三个阻抗 Y_1、Y_2、Y_3,如式（2.18） ~ （2.20）所示。

阻抗参数方程为

$$\dot{I}_1(Y_1 + Y_3)\dot{U}_1 - Y_3\dot{U}_2$$
$$\dot{I}_2 = -Y_3\dot{U}_1 + (Y_2 + Y_3)\dot{U}_2 \tag{2.18}$$

π 形等效电路则与 **Y** 参数的对应关系为

$$Y_{11} = Y_1 + Y_3, Y_{12} = Y_{21} = -Y_3, Y_{22} = Y_2 + Y_3 \tag{2.19}$$

则 π 形等效电路各阻抗值为

$$Y_1 = Y_{11} + Y_{12}, Y_2 = Y_{22} + Y_{12}, Y_3 = -Y_{12} \tag{2.20}$$

五、实验步骤

在进行实验操作之前,请对实验仪器及元器件进行检测,确保仪器仪表工作正常,元器件参数值和电路图所标参数吻合。

检测内容包括:

(1)直流电压源、直流电流源、直流电压电流表工作是否正常。

(2)用万用表检测电流插头的通断。

(3)根据电路图从元器件盒中找到对应电阻器,并用万用表的电阻测试端(Ω 挡)测量电阻值,确保阻值正确。

完成上述工作后,才能进行实验。

1.二端口网络参数的测量与级联

(1)二端口网络的实验线路如图2.83所示,结合图2.77所示测量方法,将直流恒流源的输出电流调至 50 mA,作为二端口网络的输入。其中 $R_1 = 510\ \Omega, R_2 = 100\ \Omega, R_3 = 150\ \Omega$。

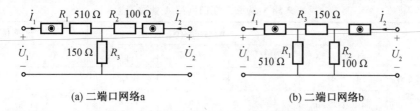

(a) 二端口网络a (b) 二端口网络b

图 2.83　二端口网络实验线路

按照图 2.77 所示测量方法测定相关数据,填入表 2.56 中,并分别计算两个二端口网络的阻抗参数 **Z**。

表 2.56　二端口网络 **Z** 参数测量(一)

		测量值			计算值	
二端口网络 a	输出端开路 $I_2 = 0$	U_{10}/V	U_{20}/V	I_{10}/mA	Z_{11}^a	Z_{21}^a
	输入端开路 $I_1 = 0$	U_{10}/V	U_{20}/V	I_{20}/mA	Z_{12}^a	Z_{22}^a
		测量值			计算值	
二端口网络 b	输出端开路 $I_2 = 0$	U_{10}/V	U_{20}/V	I_{10}/mA	Z_{11}^b	Z_{21}^b
	输入端开路 $I_1 = 0$	U_{10}/V	U_{20}/V	I_{20}/mA	Z_{12}^b	Z_{22}^b

仍然按图 2.83 接线,将直流恒流源的输出电流调至 70 mA,作为二端口网络的输入,记录测量数据于表 2.57 中。

表 2.57　二端口网络 **Z** 参数测量(二)

		测量值			计算值	
二端口网络 a	输出端开路 $I_2 = 0$	U_{10}/V	U_{20}/V	I_{10}/mA	Z_{11}^a	Z_{21}^a
	输入端开路 $I_1 = 0$	U_{10}/V	U_{20}/V	I_{20}/mA	Z_{12}^a	Z_{22}^a
		测量值			计算值	
二端口网络 b	输出端开路 $I_2 = 0$	U_{10}/V	U_{20}/V	I_{10}/mA	Z_{11}^b	Z_{21}^b
	输入端开路 $I_1 = 0$	U_{10}/V	U_{20}/V	I_{20}/mA	Z_{12}^b	Z_{22}^b

(2) 按照图 2.80 所示原理,将图 2.83 的(a)(b) 两图级联后构成一个新的二端口网络,画出电路图。结合图 2.76 所示测量方法,将直流恒流源的输出电流调至 50 mA,作为二端口网络的输入,填入表 2.58 中,计算新二端口网络的传输参数 **A**,并验证式(2.14)是否成立。

表 2.58　级联二端口网络 **A** 参数测量

		测量值			计算值	
新二端口网络	输出端开路 $I_2 = 0$	U_1/V	U_2/V	I_1/mA	A_{11}	A_{21}
	输入端短路 $U_2 = 0$	U_1/V	I_1/mA	I_2/mA	A_{12}	A_{22}

2.二端口网络互易对称性的测量

二端口互易对称性实验线路如图 2.83 所示(其中电阻更改为 $R_1 = 220\ \Omega, R_2 = 330\ \Omega, R_3 = 510\ \Omega$),结合实验原理,将直流稳压电源的输出电压调至 15 V,作为二端口网络的输入。按照图 2.76 所示测量方法测定相关数据,填入表 2.59 中,并验证网络 a、b 是否为互易或对称性网络。

表 2.59　二端口网络 **Y** 参数测量

		测量值			计算值	
二端口网络 a	输出端开路 $U_2 = 0$	U_{10}/V	U_{20}/V	I_{10}/mA	Y_{11}^a	Y_{21}^a
	输入端开路 $U_1 = 0$	U_{10}/V	U_{20}/V	I_{20}/mA	Y_{12}^a	Y_{22}^a
		测量值			计算值	
二端口网络 b	输出端短路 $U_2 = 0$	U_{10}/V	U_{20}/V	I_{10}/mA	Y_{11}^b	Y_{21}^b
	输入端短路 $U_1 = 0$	U_{10}/V	U_{20}/V	I_{20}/mA	Y_{12}^b	Y_{22}^b

3.二端口网络等效电路

根据二端口等效电路的原理,按照图 2.84 接线,将直流恒流源的输出调至 50 mA 作为 a 的输入,直流稳压电源的输出调至 15 V 作为 b 的输入,测量相关数据并记录数据于表 2.60 中,验证二端口网络的 T 形和 π 形等效电路。

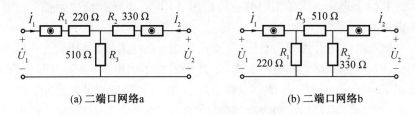

(a) 二端口网络a　　　　　　　　　　　　　　　　(b) 二端口网络b

图 2.84　二端口网络实验线路

表 2.60　二端口网络等效电路参数测量

二端口网络 a		测量值			计算值	
	输出端开路 $I_2 = 0$	U_{10}/V	U_{20}/V	I_{10}/mA	Z_{11}^a	Z_{21}^a
	输入端开路 $I_1 = 0$	U_{10}/V	U_{20}/V	I_{20}/mA	Z_{12}^a	Z_{22}^a

二端口网络 b		测量值			计算值	
	输出端短路 $U_2 = 0$	U_{10}/V	U_{20}/V	I_{10}/mA	Y_{11}^b	Y_{21}^b
	输入端短路 $U_1 = 0$	U_{10}/V	U_{20}/V	I_{20}/mA	Y_{12}^b	Y_{22}^b

六、实验注意事项

(1) 不允许带电接线。

(2) 用电压表和电流表调好电压源和电流源的数值,电源才能接入电路。

(3) 在实验过程中,不允许带电换线、换元器件。

(4) 在实验过程中,电压源不允许短路,电流源不允许开路。

(5) 测量电压、电流时,电压表要与被测元器件并联,电流表要与被测支路串联。

(6) 做完每一项实验时要请指导老师检查数据,签字后方可进行下一步实验。

(7) 做完全部实验后,关掉电源,拆线,整理实验台,物归原处,方可离开实验室。

(8) 遵守实验室的各项规章制度。

七、故障分析与检查排除

1.实验中常见故障

(1) 连线。连线错误,接触不良,断路或短路。

（2）元器件。元器件错误或元器件值错误,包括电源输出错误。

（3）参考点。电源、实验电路、测试仪器之间公共参考点连接错误等。

2.故障检查

故障检查方法很多,一般是根据故障类型确定部位、缩小范围,在小范围内逐点检查,最后找出故障点并给予排除。简单实用的方法是用万用表(电压挡或电阻挡)在通电或断电状态下检查电路故障。

（1）通电检查法。用万用表的电压挡(或电压表)在接通电源情况下,根据实验原理对电路进行测试,若:电路某两点间应该有电压,万用表测不出电压;某两点间不应该有电压,而万用表测出了电压;或所测电压值与电路原理不符,则故障即在此两点间。

（2）断电检查法。用万用表的电阻挡(或欧姆表)在断开电源情况下,根据实验原理对电路进行测试,若:电路某两点应该导通无电阻(或电阻极小),万用表测出开路(或电阻极大);某两点应该开路(或电阻很大),但测得的结果为短路(或电阻极小),则故障即在此两点间。

八、实验思考题

（1）二端口网络的传输函数有哪些,它们有何物理意义?

（2）互易定理的适用范围是哪些?

（3）二端口网络的参数为什么与外加电压或流过网络的电流无关?

九、实验报告要求

（1）实验步骤、过程需要写在实验报告中。

（2）数据处理过程要写在实验报告中,数据、曲线等必须手写,原始测量数据在课堂上需要老师确认。

（3）由曲线得出的数据在实验后完成,并填入相应的数据记录表中。

（4）实验结果分析及实验结论要根据实验结果给出。

（5）实验的感想、意见和建议写在实验结论之后。

（6）实验思考题需要写在实验报告中。

第3章

电路仿真实验

3.1　PSpice 简介

一、简介

　　PSpice 是由 SPICE(Simulation Program with Intergrated Circuit Emphasis) 发展而来的、用于微机系列的通用电路分析程序。PSpice 软件是一个通用的电路分析程序,它可以仿真和计算电路的性能。由于该软件提供了丰富的元器件库,使得各种常用元器件随手可得,在软件上可以搭接任何模拟电路和数字电路或者数模混合电路。该软件使用的编程语言简单易学,对电路的计算和仿真快速而准确,强大的图形后处理程序可以将电路中的各电量以图形的方式显示在计算机的屏幕上,就像一个多功能、多窗口的示波器。PSpice 软件具有强大的电路图绘制功能、电路模拟仿真功能、图形后处理功能和元器件符号制作功能,以图形方式输入,可自动进行电路检查,生成图表,模拟和计算电路。它的用途非常广泛,不仅可以用于电路分析和优化设计,还可用于电子线路和信号与系统等课程的计算机辅助教学。与印制版设计软件配合使用,还可实现电子设计自动化。被公认是通用电路模拟程序中的优秀软件,具有广阔的应用前景。

二、线性直流电路分析

　　(1)PSpice 对线性直流电路进行分析时,常用的分析类型有直流扫描(DC) 分析和直流工作点分析。直流工作点分析中电路的电源参数值是固定的,分析结束后,PSpice 会自动以数据形式显示节点电压、支路电流和功率的输出结果,没有波形输出;DC 分析时,电源可在一定范围内按扫描变量的变化规律进行变化,这种分析方法为后续的设计工作提供了有效的手段,为了得到节点电压或支路电流数据形式的输出结果,还必须在该节点或支路上放置输出标志符,否则只有波形输出,实验中应特别注意。

　　(2) 实验中如何正确解读电压和电流的方向是分析 DC 仿真结果的关键。PSpice 可根据输入的电路图为元器件自动设定电压和电流的参考方向。例如,对电阻器 R 的电流参考方向规定是从 1 号脚流进,2 号脚流出。电阻器引脚定义为:初始水平位置的电阻器,左侧引脚号为"1",右侧引脚号为"2"。所以,若电流通过引脚 2 流入 R,则 $I(R)$ 就是负值。放置输出标志符时也应注意标志符上面的方向。

　　(3) 如果需要分析电路中某一电阻或其他参数值变化对电路特性的影响,往往将此参数设置为 Global 参数,即通用参数,然后再进行 DC 分析。实验中测量直流电路的最大输出功率时,即可运用此方法得到功率随扫描变量的变化曲线,然后从曲线上求出最大功率值。

三、正弦电流电路分析

（1）PSpice 可用 AC（交流）分析方法对正弦电流进行相量计算和分析。AC 分析是在频域中进行的，当输入信号的频率变化时，它能够计算出电路的幅频响应和相频响应。AC 分析时，所有的变量都被认为是复数变量，而且电路中必须设置一个交流电源，电源的幅度常用有效值表示。

（2）用 PSpice 测量交流信号幅值和相位的方法。

① 在电路中放置输出标识符，从数据形式的结果输出文件中确定幅值或相位。

② 做出幅频或相频特性曲线，利用标尺测量出所求频率点对应的电压幅值或相位。

四、动态电路的时域分析

（1）在电路理论中，电容电压 $u_C(t)$ 和电感电流 $i_L(t)$ 称为电路的状态变量。对 RLC 二阶电路，状态变量 $u_C(t)$、$i_L(t)$ 看作是 $u-i$ 平面上的坐标点，这种平面就称为状态平面，其中 t 作为参变量。由状态变量在状态平面上所确定的点的集合，称为状态轨迹。

（2）利用 PSpice 观察状态轨迹，可采用 Probe 提供的改变坐标轴变量设置的方法，使 X 轴、Y 轴坐标变量分别为电容电压和流过电感的电流。

3.2　仿真实验

一、直流电路仿真实验

[**例 3.1**]　直流电路原理图如图 3.1 所示，试求各节点电压、各支路电流和电阻消耗的功率。

注意：文件路径、文件名字、电路中的电信号命名应用英文，且电信号命名不能使用空格，需使用下划线。

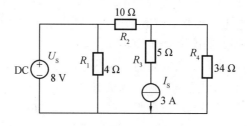

图3.1　直流电路原理图

1.绘制电路图

（1）进入绘制电路图窗口。在桌面上双击 OrCAD 图标，即可进入 OrCAD Capture CIS 主界面，如图 3.2 所示。打开菜单 File/New/Project，则出现 New Project 对话框，如图 3.3 所示。

　　图 3.3 所示对话框中,需在 Name 中输入绘制电路图名称(如 liu),电路图名称可由英文字符串和数字组成,不能有汉字;Create a New Project Using 中有 4 个选项,实验中选择"Analog or Mixed A/D",表示绘制电路图后直接进行电路仿真;Location 项中应填入储存路径。单击"OK"按钮,出现绘图窗口选择对话框,如图 3.4 所示。

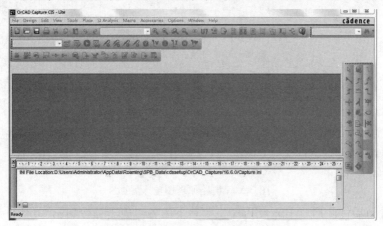

图 3.2　OrCAD Capture CIS 主界面

图 3.3　New Project 对话框

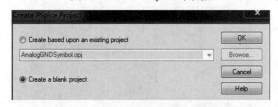

图 3.4　绘图窗口选择对话框

　　选择"Create a blank project",表示建立一个新的绘图窗口。单击"OK"后,出现电路原理图输入界面,如图 3.5 所示。

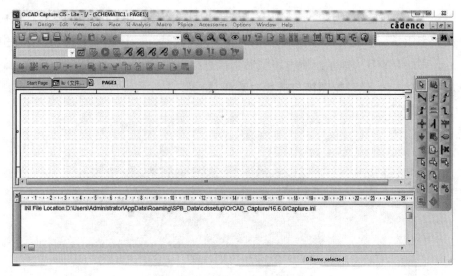

图 3.5　　电路原理图输入界面

（2）放置元器件。启动 Place/Part 主菜单下的各对应子命令,打开元器件放置窗口,如图 3.6 所示。

① 添加元器件库。单击图 3.6 中间"Libraries"小窗中红色叉号左侧的"Add Library"选项 ,弹出库文件添加窗口,如图 3.7 所示,选择相应的库进行添加。注意选择库的时候,需要在 Library/Pspice 文件夹下选择元器件库。

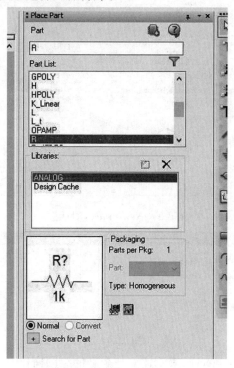

图 3.6　　元器件放置窗口

对于新建绘图而言,此时 Libraries 库文件选择区里只有"Deside Cache"项,因而,在放置元器件前,需要添加所用到的元器件库。实验中常用元器件库所包含内容见表 3.1。

表 3.1　常用元器件库及内容

元器件符号库	包含内容
ANALOG 库	常用无源元器件,如电阻器、电容器、电感器等
BREAKOUT 库	在 PSpice 进行蒙卡特洛分析时使用
EVEL 库	运算放大器、二极管、三极管符号
SOURCE 库	各种电压源、电流源符号
SOURCSTM 库	数字电路中的激励信号源符号
SPECIAL 库	特殊用途符号,如输出电流标识符及参数符号等

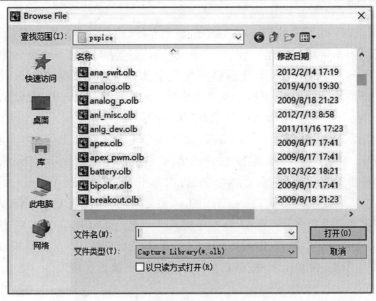

图 3.7　库文件添加窗口

② 放置／删除元器件。在元器件放置窗口找到电阻 R,双击鼠标左键或点击键盘回车键,该元器件即被调至绘制电路界面中。用鼠标拖动元器件,单击左键可将元器件放在合适位置,这时继续移动光标,还可将其放在其他位置。选中元器件后,可根据表 3.2 中说明翻转元器件。

结束元器件放置,有如下方法可供选择。

(a) 按 ESC 键。

(b) 单击绘图工具按钮 。

(c) 单击鼠标右键,出现放置元器件快捷菜单,快捷菜单说明见表 3.2。 选择 End Mode。

表 3.2　放置元器件快捷菜单说明

菜单名称	含义
End Mode	结束取用命令
Mirror Horizontally	将该元器件符号左右翻转
Mirror Vertically	将该元器件符号上下翻转
Rotate	将该元器件符号逆时针旋转 90°
Edit Properties	编辑修改该元器件属性参数
Zoom In	放大显示
Zoom Out	缩小显示
Go to	将光标快速移至某处

如果想删除某个元器件,用鼠标左键单击该元器件,使其处于选中状态(元器件颜色变成粉红色),按"Delete"键即可删除,也可单击鼠标右键选择 Cut 或 Delete 命令。

根据以上方法,在元器件库中分别提取直流电压源 VDC、直流电流源 IDC(SOURCE 库)。放置接地符号:执行 Place/Ground 命令或单击专用绘图工具中的 按钮,屏幕上弹出 Place Ground 对话框。在 SOURCE 库中选取"0"符号。

(3) 连接线路与布图。执行 Plcae/Wire 命令或单击专用绘图工具中的 按钮,光标由箭头变为十字形。将光标指向需要连线的一个端点单击鼠标左键,移动光标,即可拉出一条线;到达另一端点时,接点出现一红色实心圆,再次单击鼠标左键,便可完成一段接线。

单击工具按钮 或选择菜单 Place/Net Alias 命令,则屏幕出现 Place Net Alias(节点别名设置)对话框,如图 3.8 所示。在 Alias 栏中键入节点名(如 N1),单击"OK"按钮。设置完成后,光标箭头处有一矩形框。光标移至节点后,单击鼠标左键,节点名即被放在电路节点处;光标移至下一节点,再单击鼠标左键,另一节点名又被放置在该处。

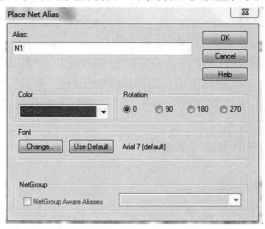

图 3.8　Place Net Alias 对话框

2.改变电路元器件的属性参数

如果仅对电路图中某一元器件参数进行修改,例如欲将电阻 R 的阻值由 1 kΩ 改为 10 Ω,其操作步骤如下:双击 1k 而非 R,进入 Display Properties(单项参数编辑修改) 对话框,如图 3.9 所示;在 Value 项将 1k 改为 10,单击"OK" 按钮即可。

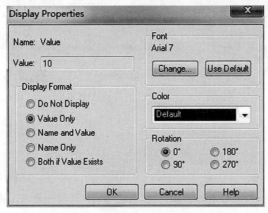

图 3.9 单项参数编辑修改对话框

元器件的属性参数还可在属性编辑器中进行修改。调用属性参数编辑器方法有两种。

(1) 选中一个电路元器件(用鼠标左键单击元器件中心) 或多个电路元器件后,执行 Edit Properties 命令或单击鼠标右键选 Edit Properties 命令。

(2) 双击待修改的电路元器件。元器件属性参数编辑器如图 3.10 所示。

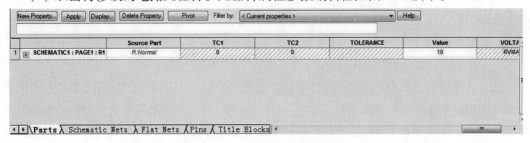

图 3.10 元器件属性参数编辑器

无源元器件属性参数修改:单击图 3.10 所示屏幕左下方的"Parts" 标签,在 "Reference(元器件序号)"或"Value(元器件值)"列下修改元器件参数。单击图 3.10 所示的"Pivot"可将视图显示方式由水平变为垂直。

电源属性参数可根据不同类型电源描述进行修改。例如:AC 电源需修改幅值和相位。

3.设置电路特性分析类型及参数

执行菜单命令 PSpice/New Simulation Profile,在 New Simulation 对话框中键入项目名称,单击"Create" 按钮进入 Simulation Settiongs 对话框,如图 3.11 所示。

在 Analysis type 栏中选择"Bias Point", 在 Options 栏中选择"General Setting", 在 Output File Options 栏中选择"Include detailed bias point information for nonlinear controlled sources and semiconductors",单击"确定",即完成直流工作点分析设置。

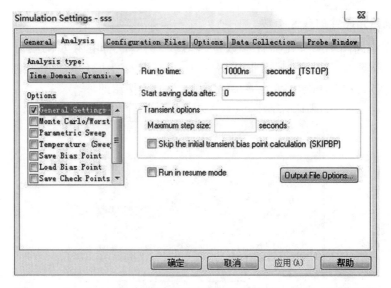

图 3.11　Simulation Settiongs 对话框(仿真设置界面 – 静态工作点分析)

4.仿真并记录

设置分析参数后,选择 PSpice/Run 命令或图标▶,运行 PSpice 仿真程序。若电路检查正确,则出现 PSpice 执行窗口。在 Capture 窗口分别单击工具图标🆅、🆘、🆆,则电路各个节点电压、支路电流和各元器件上的直流功率损耗可在电路图相应位置自动显示。

[**例3.2**]　直流分析仿真电路图如图 3.12 所示,当 U_S 从 1 V 连续变化到 10 V 时,求 U_N2 的变化曲线。

1.绘制电路图

(1) 按如前所述方法绘制电路图。

(2) 放置探针。执行 Capture 窗口中的菜单命令 PSpice/Markers/Voltage Level,或单击工具按钮🔧,光标即可携带节点电压探针符号。在节点 N_2 上单击鼠标左键,即可在该处放置探针符号。单击鼠标右键,在弹出的快捷菜单中选择执行 End Mode 命令,结束放置探针符号的命令。完成的直流分析仿真电路图如图 3.12 所示。

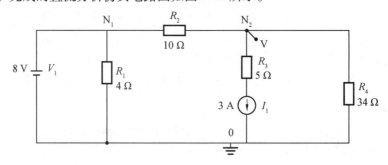

图 3.12　直流分析仿真电路图

2.设置电路特性分析类型及参数

执行菜单命令 PSpice/Edit Simulation Profile 或单击工具按钮📝,进入 Simulation

Settings 对话框,如图 3.13 所示。

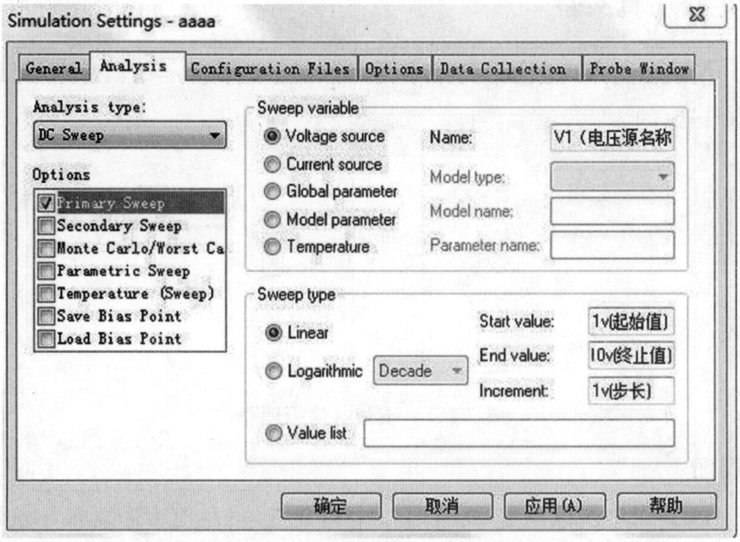

图 3.13　Simulation Settings 对话框(仿真设置界面 – DC 分析设置)

在 Analysis type 下拉菜单选中"DC Sweep";在 Options 下拉菜单选中"Primary Sweep";在 Sweepvariable 项选中"Voltage source",并在 Name 栏中键入"V1";Sweep type 项中选中"Linear",并在 Start 栏键入"1"、End 栏键入"10"及 Increment 栏键入"1"。

以上各项填完之后,单击"确定"按钮,即可完成仿真分析类型及分析参数的设置。

3.电路仿真分析及分析结果的输出

执行 Capture 窗口中的菜单命令 PSpice/Run 即可在启动的 PSpice A/D 视窗中自动显示探针符号放置处的电压波形。

保存波形:在 PSpice A/D 视窗中,选择菜单 Window,单击"Copy to Clipboard",在弹出的对话框里面单击 background 栏下的"make window and plot backgrounds transparent",让背景呈现透明,单击"OK"即可将波形复制到其他 Word 文档,如图 3.14 所示。

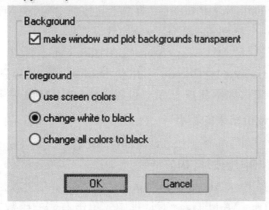

图 3.14　电路仿真结果波形保存

二、正弦电路仿真实验

[**例3.3**]　正弦电路原理图如图3.15所示，$I_S = 1\angle 0° \text{A}$，$R_1 = 1\text{ k}\Omega$。利用PSpice求频率从 1 kHz 到 100 kHz 的 U_R 的频率特性。

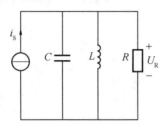

图 3.15　正弦电路原理图

1.绘制电路图

（1）在 ANALOG 库中选取电容C、电感L、电阻R符号；在 SOURCE 库中选取交流电流源 IAC 符号。

（2）连线，放置节点、接地符号。

（3）按图 3.16 设置各元器件和电源参数。

（4）放置节点电压探针。

绘好的正弦电路仿真电路图如图 3.16 所示。

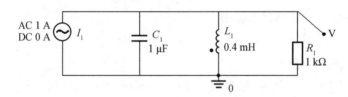

图 3.16　正弦电路仿真电路图

2.设置电路特性分析类型及参数

选择 PSpice/New Simulation Profile（或单击工具按钮 ），在 New Simulation 对话框中键入项目名称，按"Create"按钮，进入 AC 分析参数设置框。

在 Analysis type 下选择"AC Sweep/Noise"；在 Option 下选择"General Settings"；在 AC Sweep Type 下选择"Logarithmic/Decade"；并在 Start 栏键入"1k"、End 栏键入"100k"、Points/Decade 栏键入"50"，如图 3.17 所示。设置完毕，单击"确定"按钮。

3.电路仿真分析及分析结果的输出

执行 Capture 窗口中的菜单命令 PSpice/Run，即可在启动的 PSpice A/D 视窗中自动显示探针符号放置处的输出电压波形（幅值特性）。

在 Probe 窗口中选择 Plot/Add plot to Window，在当前屏幕上添加一个新的波形显示窗口。新增的窗口中，在 Trace\Add Trace 对话框中先单击右侧的函数"P( )"，再单击左侧的基本变量"V(Rl)"相频特性曲线（其中"d"表示度）。

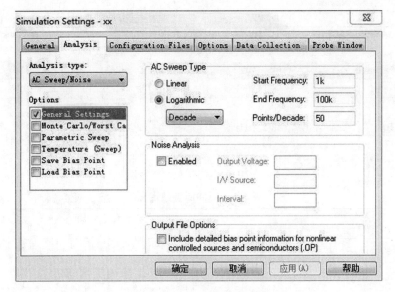

图 3.17　AC 分析参数设置

三、动态电路时域分析实验

[**例 3.4**]　RC 电路原理图如图 3.18 所示，$R_1 = 2$ kΩ，$C_1 = 0.1$ μF。当电源为如图 3.19 所示波形时，观察电容的充、放电过程。

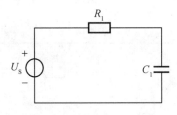

图 3.18　RC 电路原理图

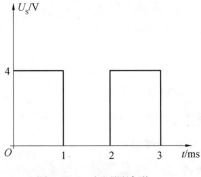

图 3.19　电压源波形

1.绘制电路图

电源选用脉冲源 VPULSE，电源参数设置如图 3.20，各参数含义见表 3.3，绘制好的电路图如图 3.21 所示。

		PW	Reference	Source Library
1	⊞ SCHEMATIC1 : PAGE1	1m	V1	D:\USERS\ADMINISTR ...

Source Package	Source Part	TD	TF
VPULSE	VPULSE.Normal	1ns	1ns

TR	V1	V2
1ns	0	4v

图 3.20　电源参数设置界面

表 3.3　脉冲源参数定义

参数	含义	单位
V_1	起始值	V
V_2	脉冲值	V
PER	脉冲周期	s
PW	脉冲宽度	s
TD	延迟时间	s
TR	上升时间	s
TF	下降时间	s

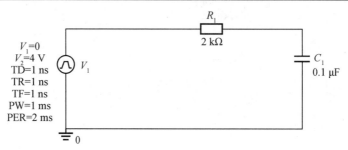

图 3.21　RC 电路仿真电路图

2.确定分析类型及设置分析参数

瞬态分析类型及参数设置如图 3.22 所示。

3.电路仿真分析及分析结果的输出

根据以上设置进行仿真,得出电容充、放电电压波形。

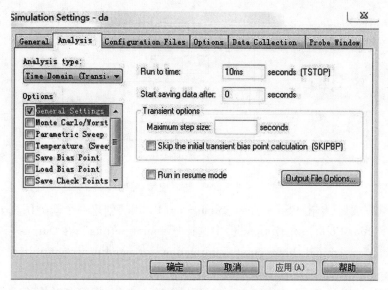

图 3.22　瞬态分析参数设置界面

四、非线性电路分析实验

仿真实验中,使用 OrCAD 的方法已在前面介绍过,本次实验仿真方法基本与前述实验相同。需注意的一点是仿真中,非线性电阻器用非线性受控源来表示,受控源在 Analog 库中,选取元器件时注意非线性受控源与线性受控源的区别,非线性受控源含有关键字 POLY。Analog 库中,"E"表示电压控制电压源;"F"表示电流控制电流源;"G"表示电压控制电流源;"H"表示电流控制电压源。使用 PSpice 进行如下例题的仿真,并记录仿真结果。

[例 3.5]　如图 3.23 所示非线性电路,已知 $U = I^2 + 2I$(单位:V,A)。试用 PSpice 求电压 U,记录仿真结果。

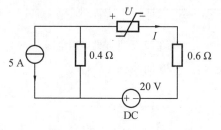

图 3.23　非线性电路

电路图的绘制方法在此不再赘述,绘制完成的仿真模型如图 3.24 所示,其中非线性电阻器用非线性受控源表示。放置受控源元器件之后,双击元器件进入参数设置界面,将元器件"COEFF"项下的参数修改为"0 2 1"。在此对参数的设置原理进行简单讲解:

$$f = p_0 + p_1 x + p_2 x^2 + p_3 x^3 + \cdots$$

以上述多项式为例,"0 2 1"表示 $p_0 = 0, p_1 = 2, p_2 = 1$,按照多项式各项指数由低到高排列,各系数之间用空格隔开,若多项式之中仍含有更高次幂的项,则将各项系数依次往后排,要注意系数为零的项要写"0",不能略过不写。

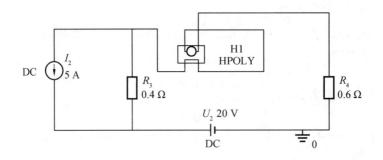

图 3.24　仿真模型

电路绘制完成后,单击 PSpice/New Simulation Profile,创建一个新的仿真。在 Analysis type 栏中选择"Bias Point";在 Options 栏中选择"General Setting";在 Output File Options 栏中选择"Include detailed bias point information for nonlinear controlled sources and semiconductors"。单击"确定",完成直流工作电分析设置。

用菜单栏快捷键的 Bias voltage display 显示各节点电压,根据各数据可求得电压 U。

[例 3.6]　非线性电阻电路如图 3.25 所示,其中非线性电阻 R_5 的伏安特性为:$i_5 = u + 2u^2$,若 $U_S = 5\sin(2\,000\,\pi t)$,$i_s$ 为脉冲电流源($I_1 = 20$ A,$I_2 = -20$ A,TD = 1 ns,TR = 1 ns,TF = 1 ns,PW = 1 ms,PER = 2 ms),试仿真分析流过电阻 R 和非线性电阻的电流瞬态特性。将正弦电源频率改为 10 kHz,进行仿真并记录仿真波形。

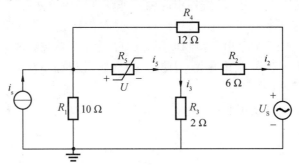

图 3.25　非线性电阻电路

根据题目绘制仿真模型如图 3.26 所示。

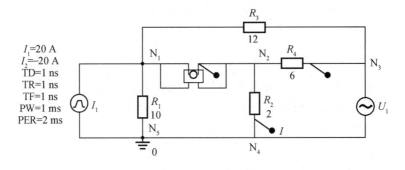

图 3.26　仿真模型

设置 G1 的 COEFF 参数为"0 1 2",在电路的相应位置放置电流探头,从 SOURCE 库中选择 VSIN 正弦电压源,其各参数为:VOFF 表示电压偏置,这里设为 0;VAMPL 表示电压峰值,本例为 5 V;FREQ 表示频率,本例为 1 000 Hz;若带有 AC 参数,可将 AC 参数删掉,本例不需设置。

创建新的 PSpice 仿真文件,设置界面如图 3.27 所示。

Simulation Settings - C_transient ✕

| General | Analysis | Configuration Files | Options | Data Collection | Probe Window |

Analysis type:
Time Domain (Transient) ▾

Options:
☑ General Settings
☐ Monte Carlo/Worst Case
☐ Parametric Sweep
☐ Temperature (Sweep)
☐ Save Bias Point
☐ Load Bias Point
☐ Save Check Points
☐ Restart Simulation

Run to time: 10ms seconds (TSTOP)

Start saving data after: 0 seconds

Transient options
Maximum step size: seconds
☐ Skip the initial transient bias point calculation (SKIPBP)

☐ Run in resume mode   Output File Options...

确定   取消   应用(A)   帮助

图 3.27   设置界面

将正弦电源频率改为 10 kHz,进行仿真并记录仿真波形。

[例 3.7]   如图 3.28 所示非线性电路中,已知 $R = 20\ \Omega$,$C_1 = C_2 = 10\ \mu\text{F}$,$U_S = 10\ \text{V}$,非线性电阻的伏安特性为:$i = \dfrac{1}{2}u + \dfrac{1}{6}u^2$,若 $t = 0$ 时开关闭合,求 $t > 0$ 时的零状态响应 $u(t)$ 的仿真波形。

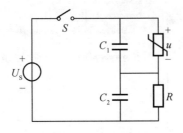

图 3.28   非线性电路

本题请自行绘制电路、设置仿真参数、记录仿真结果,要求仿真时间合适,波形尽可能完整。

五、均匀传输线分析实验

[例 3.8]   如图 3.29 所示实验电路中,两根粗线为波阻抗 $Z_c = 200\ \Omega$ 的无损耗均匀线;

始端接电压源 $U_\mathrm{S} = 10\varepsilon(t)\,\mathrm{V}$，$l/v = t_\mathrm{d}$，$R_1 = 50\ \Omega$，$R_2 = 200\ \Omega$、$800\ \Omega$、$10\ \mathrm{k}\Omega$ 时，求 $u_2(t)$（$t > 0$），并分析结果产生原因。

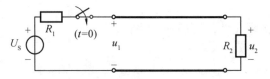

图 3.29　实验电路图

在 Analog 库中取出电阻 R 和无损线 T，开关可近似用脉冲电压源等效。双击无损线 T_1，在属性中设置 TD 为 100 ns 表示延迟时间，Z_0 栏设置为 200 表示波阻抗。保存电路图，如图 3.30 所示。

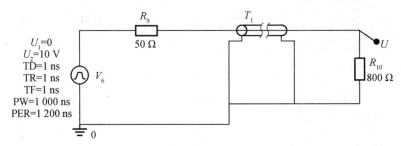

图 3.30　仿真模型

创建新的 PSpice 仿真文件，设置如图 3.31 所示，可自行选取适当的仿真范围。将 $R_2 = 200\ \Omega$、$10\ \mathrm{k}\Omega$，分别进行仿真并记录仿真波形，分析结果产生原因。

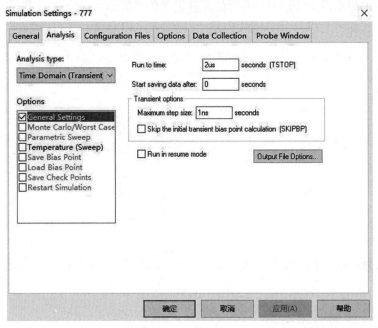

图 3.31　仿真设置

第4章

开放性综合设计实验

实验 1　无源和有源滤波

一、实验目的

（1）掌握有源滤波器的组成原理及滤波特性,学会用集成运算放大器、电阻器、电容器设计组成的有源低通、高通、带通、带阻滤波器。

（2）用实验的方法分别研究 RC 无源低通滤波实验和 RC 有源低通滤波实验的幅频特性。

（3）用实验的方法研究滤波器特性与元器件参数之间的关系。

（4）学会调节滤波器截止频率及了解等效 Q 值对滤波器幅频特性的影响。

（5）熟悉函数信号发生器和示波器的使用。

二、预习要求

（1）复习无源和有源滤波器的基本理论知识。

（2）阅读实验指导书,理解实验原理,了解实验步骤。

三、实验仪器和设备

本实验所需仪器与元器件见表 4.1。

表 4.1　实验仪器与元器件

序号	名称	数量	型号
1	直流稳压电源	1台	DP832A
2	手持万用表	1台	Fluke17B +
3	电容器	3只	0.01 μF、0.022 μF、0.047 μF、
4	电阻器	2只	100 Ω
5	集成运算放大器	1只	μA741 × 1
6	函数发生器	1台	TFG6960AW
7	短接桥和连接导线	若干	—
8	实验用9孔插件方板	1块	300 mm × 298 mm

四、实验原理

若滤波电路含有有源元器件（双极型管、单极型管、集成运算放大器），则称为有源滤波电路。由集成运算放大器和阻容元件组成的选频网络，用于传输有用频段的信号，抑制或衰减无用频段的信号。滤波器阶数越高，性能越逼近理想滤波器特性。有源滤波器主要分为四类：低通滤波器（LPF），高通滤波器（HPF），带通滤波器（BPF），带阻滤波器（BEF）。

集成运算放大器是具有高开环电压放大倍数的多级直接耦合放大器。它具有体积小、功耗低、可靠性高等优点，广泛应用于信号的运算、处理和测量以及波形的发生等方面。

本实验中使用的集成运算放大器为通用集成运算放大器 LM741 或者 μA741，其引脚排列及引脚功能如图 4.1 所示。图中，2 脚为集成运算放大器的反相输入端；3 脚为集成运算放大器的同相输入端；6 脚为集成运算放大器的输出端；7 脚为正电源引脚；4 脚为负电源引脚；1 脚和 5 脚为输出调零端；8 脚为空脚。

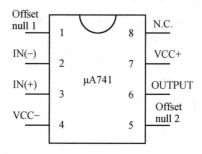

图 4.1　μA741 的引脚排列及引脚功能

（1）有源低通滤波器。有源低通滤波器是一种用来传输低频段信号、抑制高频段信号的电路。一阶有源低通滤波器如图 4.2(a) 所示，其传递函数 $H(s)$ 为

$$H(s) = \frac{U_o(s)}{U_i(s)} = \frac{A_0}{1 + sRC}$$

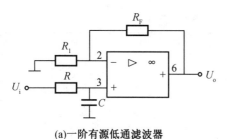
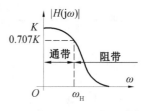

(a)一阶有源低通滤波器　　　　　　(b)一阶有源低通滤波器幅频特性

图 4.2　一阶有源低通滤波器电路及特性

一阶有源低通滤波器频率特性为

$$H(j\omega) = \frac{A_0}{1 + j\dfrac{\omega}{\omega_H}}$$

式中，A_0 为通带内放大倍数，$A_0 = 1 + \dfrac{R_F}{R_1}$；$\omega_H$ 为上限截止角频率，$\omega_H = \dfrac{1}{RC}$。幅频特性如图 4.2(b) 所示。

二阶有源低通滤波器有多种电路连接形式，如图 4.3 和图 4.4 所示，有源滤波器都是二阶有源低通滤波器，但滤波器特征参数略有不同。

图 4.3 所示的二阶压控电压源有源低通滤波器的频率特性为

$$H(j\omega) = \frac{A_0}{1 - \left(\dfrac{\omega}{\omega_0}\right)^2 + j\dfrac{\omega}{Q\omega_0}}$$

式中，$A_0 = 1 + \dfrac{R_F}{R_1}$；$\omega_0 = \dfrac{1}{RC}$；$Q = \dfrac{1}{3 - A_0}$。$Q$ 为等效品质因素，与 A_0 有关。A_0 大于 3，滤波器极点落在复频域右半平面，将会产生自激振荡。

如图 4.4 所示，二阶有源低通滤波器的频率特性与二阶压控电压源有源低通滤波器的频率特性相似，即

$$H(j\omega) = \frac{1}{1 - \left(\dfrac{\omega}{\omega_0}\right)^2 + j\dfrac{\omega}{Q\omega_0}}$$

式中，$\omega_0 = \dfrac{1}{R\sqrt{C_1 C_2}}$，$Q = \dfrac{1}{2}\sqrt{\dfrac{C_1}{C_2}}$。

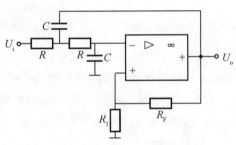

图 4.3　二阶压控电压源有源低通滤波器

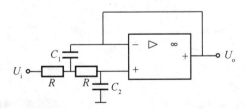

图 4.4　二阶有源低通滤波器

两有源低通滤波器频率特性的表达式相同，所以有相似的频率特性。两有源低通滤波器的差异：首先，通带内放大倍数不同，一个是 A_0，另一个是 1；其次，等效品质因素 Q 的表达式不一样，一个取决于 A_0，另一个取决于电容比值。

二阶有源低通滤波器幅频特性曲线和一阶有源低通滤波器不同，在 $Q = 0.707$ 时，两者

幅频特性曲线相似,但二阶有源低通滤波器是按 40 dB/10 倍频的速率衰减,一阶有源低通滤波器是按 20 dB/10 倍率的速率衰减,即二阶有源低通滤波器有较好的衰减特性;在 $Q > 0.707$ 时,二阶有源低通滤波器在 ω_0 处出现峰值。

（2）有源高通滤波器。有源高通滤波器是一种用来传输高频段信号、抑制或衰减低频段信号的电路。将有源低通滤波器中电阻电容位置互换,有源低通滤波器就变换为有源高通滤波器。

二阶压控电压源有源高通滤波器如图 4.5（a）所示。其频率特性为

$$H(\mathrm{j}\omega) = \frac{A_0}{1 - \left(\dfrac{\omega_0}{\omega}\right)^2 - \mathrm{j}\dfrac{\omega_0}{Q\omega}}$$

式中,$A_0 = 1 + \dfrac{R_F}{R_1}$;$\omega_0 = \dfrac{1}{RC}$;$Q = \dfrac{1}{3 - A_0}$。二阶有源高通滤波器幅频特性如图4.5（b）所示,阻带内衰减速率也是 40 dB/10 倍频,且 $Q > 0.707$ 时出现峰值。

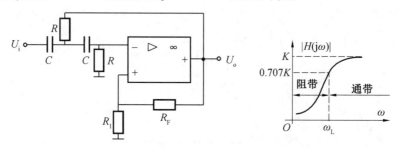

(a)二阶压控电压源有源高通滤波器　　(b)二阶有源高通滤波器幅频特性

图 4.5　二阶有源高通滤波器特性

（3）二阶有源带通滤波器。有源带通滤波器的作用是只传输在某一个通频带范围内的信号,而比通频带下限频率低和比上限频率高的信号均加以抑制或者衰减。如图 4.6（a）所示,二阶有源低通滤波器其中一级改成高通就构成了基本的二阶有源带通滤波器。

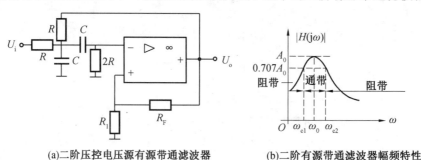

(a)二阶压控电压源有源带通滤波器　　(b)二阶有源带通滤波器幅频特性

图 4.6　二阶有源带通滤波器特性

二阶压控电压源有源带通滤波器如图 4.6 所示。其频率特性为

$$H(\mathrm{j}\omega) = \frac{A_0}{1 + \mathrm{j}Q\left(\dfrac{\omega}{\omega_0} - \dfrac{\omega_0}{\omega}\right)}$$

式中，$\omega_0 = \dfrac{1}{RC}$ 称为中心频率；$A_0 = \dfrac{R_1 + R_F}{2R_1 - R_F}$；$Q = \dfrac{R_1}{2R_1 - R_F}$。二阶有源带通滤波器幅频特性与谐振特性类似，可自行分析。

（4）二阶有源带阻滤波器。有源带阻滤波器是可以用来抑制或衰减某一频段信号，并让该频段以外的所有信号都通过的滤波器。如图 4.7(a) 所示，无源低通滤波器和无源高通滤波器串联构成的双 T 网络，加上同相比例放大器就构成了基本的二阶有源带阻滤波器。

二阶有源带阻滤波器幅频特性如图 4.7(b) 所示，其频率特性为

$$H(j\omega) = \dfrac{1 - \left(\dfrac{\omega}{\omega_0}\right)^2}{1 - \left(\dfrac{\omega}{\omega_0}\right)^2 + j2(2 - A_0)\dfrac{\omega}{\omega_0}} \times A_0$$

式中，$\omega_0 = \dfrac{1}{RC}$ 称为中心频率；$A_0 = 1 + \dfrac{R_f}{R_1}$；$Q = \dfrac{1}{2(2 - A_0)}$。

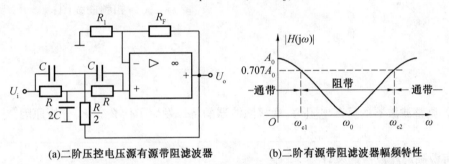

(a)二阶压控电压源有源带阻滤波器　　(b)二阶有源带阻滤波器幅频特性

图 4.7　二阶有源带阻滤波器特性

五、实验步骤(设计性实验)

1.有源低通滤波器的设计

用 10 nF 电容设计一个一阶有源低通滤波器，其截止频率约为 1.59 kHz，通带放大倍数为 5 dB。要求画出实验电路图，标出各元器件参数值，测量其电路的幅频和相频特性。

电路图：

（1）根据实验要求选择信号源的输出，输出电压波形为正弦波，电压有效值为 1 V。

（2）根据选择的电路参数计算截止频率 f_c，及此处滤波器输出电压有效值 U_o。

$f_c = $ ＿＿＿＿＿＿　　　$U_o = $ ＿＿＿＿＿＿

（3）使用交流毫伏表和示波器测试有源高通滤波器的幅频与相频特性，频率调节范围为：$f_c/10 \sim 10f_c$。交流毫伏表检测输入电压和输出电压的有效值，同时示波器检测输入电压和输出电压的波形，示波器还需要检测两个通道的相位差 φ。

注意：示波器探头需要共地。

将测试数据记录在表 4.2 中，用坐标纸绘制幅频与相频特性曲线。

表 4.2　　有源低通滤波器实验

$R_f = $ _____ , $C_f = $ _____ , $R_i = $ _____						有源低通滤波器					
f					$f_c = $						
U_o											
U/U_o											
φ											
计算 φ											

幅频曲线图：　　　　　　　　　　　　　　　　　　　相频曲线图：

（4）调整滤波器的反馈电阻值，观察滤波器的特性发生了什么变化，分析原因。

2.有源高通滤波器的设计

用 0.022 μF 电容设计一个一阶有源高通滤波器，其截止频率为 1 kHz 左右，通带放大倍数为 8。要求画出实验电路图，标出各元器件参数值。

电路图：

按照上面 1 中的方法，测试有源高通滤波器的幅频和相频特性。

（1）根据实验要求选择信号源的输出，输出电压波形为正弦波，电压有效值为 0.4 V。

（2）根据选择的电路参数计算截止频率 f_c，及此处滤波器输出电压有效值 U_o。

$f_c = $ _____　　　　$U_o = $ _____

（3）使用交流毫伏表和示波器测试有源低通滤波器的幅频与相频特性，频率调节范围为：$f_c/10 \sim 10*f_c$。交流毫伏表检测输入电压和输出电压的有效值，示波器检测输入电压和输出电压的波形，示波器还需要检测两个通道的相位差 φ。

注意：示波器探头需要共地。

将测试数据记录在表 4.3 中，用坐标纸绘制幅频与相频特性曲线。

表 4.3　有源高通滤波器实验

$R_i =$ _____ , $C_i =$ _____ , $R_f =$ _____					有源高通滤波器					
f					$f_c =$					
U_o										
U/U_o										
φ										
计算 φ										

幅频曲线图：　　　　　　　　　　　　　　　　　　相频曲线图：

*3.拓展任务(选做)

利用实验室已有的元器件设计有源带通滤波器,其中, $C_f = 0.01\ \mu F$,并使得低频侧截止频率为 723 Hz 左右,高频侧截止频率为 7.9 kHz,通带放大系数为 0 dB,画出实验电路图,标出各元器件参数值。

电路图：

按照上面 1 中的方法,测试有源带通滤波器的幅频和相频特性。

(1) 根据实验要求选择信号源的输出,输出电压波形为正弦波,电压有效值为 0.2 V。

(2) 根据选择的电路参数计算中心频率 f_0 , $f_0 =$ _____

(3) 使用交流毫伏表和示波器测试有源带通滤波器的幅频与相频特性。交流毫伏表检测输入电压和输出电压的有效值,示波器检测输入电压和输出电压的波形。

注意:示波器探头需要共地。

将测试数据记录在表 4.4 中,用坐标纸绘制幅频与相频特性曲线。并记录截止频率和带宽。

表 4.4　有源带通滤波器实验

$R_i =$ _____ , $C_i =$ _____ , $R_f =$ _____ , $C_f =$ _____ , $R_1 =$ _____ , $R_2 =$ _____ , $R_3 =$										
_____ , $R_4 =$ _____ , 有源带通滤波器										
f		$f_{c1} =$			$f_0 =$			$f_{c2} =$		
U_o										

幅频曲线图：　　　　　　　　　　　　　　　　　　相频曲线图：

注:可参考有源带通滤波器电路图 4.8。

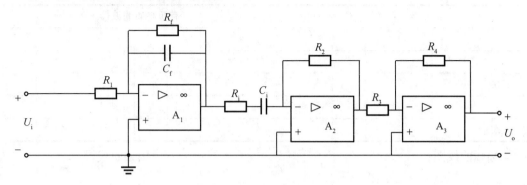

图 4.8　　有源带通滤波器

六、注意事项

(1)实验中电压和电流的取值要合理,以避免引起滤波器电路内部元器件饱和,造成波形失真。

(2)本次实验使用的集成运算放大器 μA741,它需要 + 12 V 和 − 12 V 同时供电,且不能接反。

(3)注意直流稳压电源的接法,通道 1 输出 + 12 V,通道 2 输出 − 12 V,第一个通道的黑色接线柱和第二个通道的红色接线柱连在一起,则第二个通道的黑色接线柱输出为 − 12 V。

(4)本次实验中,输入信号的地和电源的地是接在一起的。

七、分析和讨论

(1)通带宽度影响因素有哪些?

(2)试分析有源滤波器和无源滤波器各有哪些优点和哪些缺点。

(3)有源带通滤波器的实验中,若将 10 kΩ 的负载加到滤波器上,试分析幅频曲线如何变化,为什么?

(4)有源带通滤波器电路图中的集成运算放大器 A_3 是否能去掉,为什么?

实验 2　　受控源的特性曲线

一、实验目的

(1)加深对受控源的理解。

(2)熟悉由集成运算放大器组成受控源电路的分析方法,了解集成运算放大器的应用。

(3)掌握受控源特性的测量方法。

二、预习要求

（1）复习有源滤波器的基本理论知识。

（2）阅读实验指导书，理解实验原理，了解实验步骤。

三、实验仪器和设备

本实验所需仪器与元器件见表 4.5。

表 4.5　实验仪器与元器件

序号	名称	数量	型号
1	直流稳压电源	1 台	DP832A
2	恒流源	1 台	SL1500
3	直流电压电流表	1 块	—
4	手持万用表	1 台	Fluke17B +
5	电容器	若干	—
6	电阻器	12 只	$1\ \text{k}\Omega \times 3, 1.5\ \text{k}\Omega \times 1, 2\ \text{k}\Omega \times 2, 3\ \text{k}\Omega \times 1, 4.7\ \text{k}\Omega \times 1, 0\ \text{k}\Omega \times 2,$ $15\ \text{k}\Omega \times 1, 33\ \text{k}\Omega \times 1$
7	集成运算放大器	1 只	μA741 × 1 或 LM741
8	函数发生器	1 台	TFG6960AW
9	电位器	1 只	100 kΩ/0.25 W
10	短接桥和连接导线	若干	—
11	实验用 9 孔插件方板	1 块	300 mm × 298 mm

四、实验原理

（1）受控源是双口元器件，一个为控制端口，另一个为受控端口。受控端口的电流或电压受到控制端口的电流或电压的控制。根据控制变量与受控变量的不同组合，受控源可分为以下 4 类。

① 电压控制电压源（VCVS），如图 4.9（a）所示，其特性为

$$u_s = \alpha \cdot u_C \quad i_c = 0$$

② 电压控制电流源（VCCS），如图 4.9（b）所示，其特性为

$$i_s = g_m \cdot u_C \quad i_c = 0$$

③ 电流控制电压源（CCVS），如图 4.9（c）所示，其特性为

$$u_s = \gamma \cdot i_c \quad u_C = 0$$

④ 电流控制电流源(CCCS),如图 4.9(d) 所示,其特性为

$$i_s = \beta \cdot i_c \quad u_C = 0$$

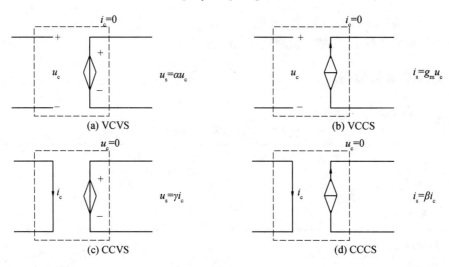

(a) VCVS $\quad u_s = \alpha u_c$

(b) VCCS $\quad i_s = g_m u_c$

(c) CCVS $\quad u_s = \gamma i_c$

(d) CCCS $\quad i_s = \beta i_c$

图 4.9　受控源

(2) 集成运算放大器与电阻器组成不同的电路,可以实现上述 4 种类型的受控源。各电路特性分析如下。

① 电压控制电压源(VCVS)。集成运算放大器电路如图 4.10 所示。由集成运算放大器输入端"虚短" 特性可知

$$u_+ = u_- = u_1$$

$$i_{R_2} = \frac{u_1}{R_2}$$

由集成运算放大器的"虚断" 特性,可知

$$i_{R_1} = i_{R_2}$$

$$u_2 = i_{R_1} \cdot R_1 + i_{R_2} \cdot R_2 = \frac{u_1}{R_2}(R_1 + R_2) = \left(1 + \frac{R_1}{R_2}\right) \cdot u_1 = \alpha \cdot u_1 \tag{4.1}$$

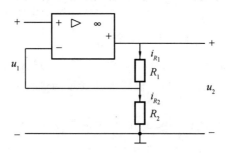

图 4.10　电压控制电压源(VCVS)

即集成运算放大器的输出电压 u_2 受输入电压 u_1 控制。其电路模型如图 4.9(a) 所示。转移电压比为

$$\alpha = 1 + \frac{R_1}{R_2}$$

该电路是一个同相比例放大器,其输入与输出有公共接地端,这种连接方式称为共地连接。

② 电压控制电流源(VCCS)。集成运算放大器电路如图4.11所示。根据理想运算放大器"虚短""虚断"特性,输出电流为

$$i_2 = i_R = \frac{u_1}{R} \tag{4.2}$$

该电路输入、输出无公共接地点,这种连接方式称为浮地连接。

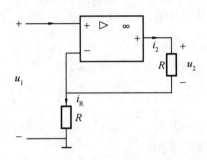

图 4.11   电压控制电流源(VCCS)

③ 电流控制电压源(CCVS)。集成运算放大器电路如图4.12所示。根据集成运算放大器"虚短""虚断"特性,可推得

$$u_2 = -i_R \cdot R = -i_1 \cdot R \tag{4.3}$$

即输出电压 u_2 受输入电流 i_1 的控制。其电路模型如图4.9(c)所示。转移电阻为

$$\gamma = \frac{u_2}{i_1} = -R \tag{4.4}$$

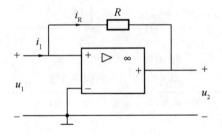

图 4.12   电流控制电压源

④ 电流控制电流源(CCCS)。集成运算放大器电路如图4.13所示。由于正相输入端"+"接地,根据"虚短""虚断"特性可知,"■"端为虚地,电路中 a 点的电压为

$$u_a = -i_{R_1} \cdot R_1 = -i_1 \cdot R_1 = -i_{R_2} \cdot R_2$$

所以

$$i_{R_2} = i_1 \frac{R_1}{R_2}$$

输出电流为

$$i_2 = i_{R_1} + i_{R_2} = i_1 + i_1 \frac{R_1}{R_2} = \left(1 + \frac{R_1}{R_2}\right) i_1 \tag{4.5}$$

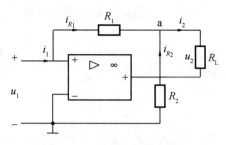

图 4.13　电流控制电流源

即输出电流 i_2 只受输入电流 i_1 的控制,与负载 R_L 无关。它的电路模型如图 4.8(d)所示。转移电流比为

$$\beta = \frac{i_2}{i_1} = 1 + \frac{R_1}{R_2} \tag{4.6}$$

五、实验步骤

(1)测试电压控制电压源特性。

① 实验线路如图 4.14 所示。

② 根据表 4.6 中内容和参数,自行给定 U_1 值,测试 VCVS 的转移特性 $U_2 = f(U_1)$,计算 α 值,并与理论值比较[理论值计算可参考式(4.1)]。

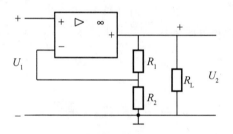

图 4.14　VCVS 实验线路

表 4.6　VCVS 的转移特性

		$R_1 = R_2 = 1\ \mathrm{k\Omega}$　　$R_L = 10\ \mathrm{k\Omega}$								
给定值	U_1/V	0.5	1	1.5	2	2.5	3	3.5	4	4.5
测试值	U_2/V									
计算值	α									

③ 根据表 4.7 中内容和参数,自行给定 R_L 值,测试 VCVS 的负载特性 $U_2 = f(R_L)$,计算 α 值,并与理论值比较。

表 4.7　VCVS 的负载特性 $U_2 = f(R_L)$

		$R_1 = 1\ \mathrm{k\Omega}$　　$R_2 = 2\ \mathrm{k\Omega}$　　$U_1 = 1\ \mathrm{V}$				
给定值	$R_L/\mathrm{k\Omega}$	3.0	4.7	10	15	33
测试值	U_2/V					
计算值	α					

④ 根据表 4.8 中内容和参数,自行选择 R_2 值,设计出不同电压转移比的受控电压源,计算 α 值,并与理论值比较。

表 4.8　VCVS 的不同电压转移比

		$R_2 = 1\ \text{k}\Omega$	$R_L = 2\ \text{k}\Omega$	$U_1 = 1\ \text{V}$		
给定值	$R_1/\text{k}\Omega$	1	1.5	2.0	3.0	4.7
测试值	U_2/V					
计算值	α					

(2) 测试电压控制电流源特性。

① 实验线路如图 4.15 所示。

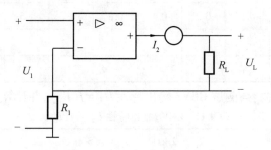

图 4.15　VCCS 实验线路

② 根据表 4.9 中内容,测试 VCCS 的转移特性 $I_2 = f(U_1)$,同时计算 U_L 值,并与理论值比较[理论值计算可参考式(4.2)]。

表 4.9　VCCS 的转移特性 $I_2 = f(U_1)$

		$R_1 = 1\ \text{k}\Omega$		$R_L = 2\ \text{k}\Omega$					
给定值	U_1/V	0.5	1	1.5	2	2.5	3	3.5	4	4.5
测试值	I_2/mA									
计算值	U_L/V									

③ 根据表 4.10 中内容,测试 VCCS 输出特性 $I_2 = f(R_L)$,并计算 g_m 值。

表 4.10　VCCS 输出特性 $I_2 = f(R_L)$

		$R_1 = 2\ \text{k}\Omega$	$U_1 = 1\ \text{V}$		
给定值	$R_L/\text{k}\Omega$	3	4.7	10	15	33
测试值	I_2/mA					
计算值	g_m/S					

(3) 测试电流控制电压源特性。

① 实验线路如图 4.16 所示。

② 根据表 4.11 中内容,测试 CCVS 的转移特性 $U_2 = f(I_1)$,同时计算 γ 值,并与理论值进行比较[理论值计算可参考式(4.4)]。

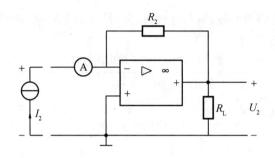

图 4.16   CCVS 实验线路

表 4.11   CCVS 的转移特性 $U_2 = f(I_1)$

	R_1 = 1 kΩ				R_L = 2 kΩ				
给定值	I_1/mA	0.1	0.2	0.4	0.8	1	1.5	2	2.5	4
测试值	U_2/V									
计算值	γ/Ω									

③ 根据表 4.12 中内容，测试 CCVS 输出特性 $U_2 = f(R_L)$，并计算 r 值。

表 4.12   CCVS 输出特性 $U_2 = f(R_L)$

	R_1 = 2 kΩ	I_1 = 1.5 mA			
给定值	R_L/kΩ	3	4.7	10	15	33
测试值	U_2/V					
计算值	r/Ω					

（4）测试电流控制电流源特性。

① 实验线路如图 4.17 所示。

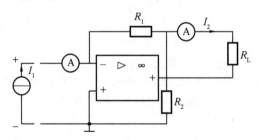

图 4.17   CCCS 实验线路

② 根据表 4.13 中内容，测试 CCCS 的转移特性 $I_2 = f(I_1)$ 和输出特性 $I_2 = f(R_L)$，并计算 β 值，与理论值进行比较[理论值计算可参考式(4.6)]。

表 4.13　CCCS 的转移特性 $I_2 = f(I_1)$ 和输出特性 $I_2 = f(R_L)$

	$R_1 = 1\,\mathrm{k\Omega}$		$R_2 = 1\,\mathrm{k\Omega}$		$R_L = 2\,\mathrm{k\Omega}$				
给定值	I_1/mA	0.1	0.2	0.4	0.8	1	1.5	2	2.5	4
测试值	I_2/mA								
计算值	β								

	$R_1 = 2\,\mathrm{k\Omega}$	$R_2 = 1\,\mathrm{k\Omega}$	$I_1 = 0.5\,\mathrm{mA}$		
给定值	$R_L/\mathrm{k\Omega}$	3.0	4.7	10	15	33
测试值	I_2/mA				
计算值	β				

六、注意事项

（1）集成运算放大器输出端不能与地短路，输入高电压不宜过高（小于 5 V），输入电流不能过大，应在几十微安至几毫安之间。

（2）集成运算放大器应有电源（±12 V 或 ±15 V）供电，其正负极性和管脚不能接错。

（3）实验步骤（3）、步骤（4）的电流控制电压源、电流控制电流源，在实验操作过程中为了能得到可调的且量程数值较小的电流（最小至 μA 级），可用可调直流稳压源和 100 kΩ 可调电阻，串联 1 kΩ 电阻完成，具体连接可参考图 4.18。

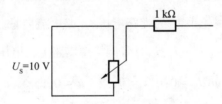

图 4.18　小量程电流设计参考图

七、分析和讨论

（1）用所测数据计算各受控源系统，并与理论值进行比较，分析误差原因。

（2）总结运算放大器的特点，以及对此实验的体会。

实验 3　电路定理研究的设计性实验

一、实验目的

（1）设计一个实验电路和实验步骤验证线性电路中的叠加定理及其适用范围。

（2）设计一个实验电路和实验步骤验证替代定理。

（3）设计一个实验电路和实验步骤验证特勒根定理和互易定理。

（4）了解二极管、三极管以及集成运算放大器的基本原理和端口特性,掌握由这些元器件构成非线性元器件以及受控源的基本原理。

二、原理说明

线性电路的叠加定理,是指几个电源在某线性网络的任一支路产生的电流或在任意两点间产生的电压降,等于这些电源分别单独作用时,在该部分所产生的电流或电压降的代数和。如果网络是非线性的,叠加定理将不再适用。另外,不能用叠加定理来计算功率。

替代定理可以叙述如下:给定任意一个线性电阻电路,如果其中第 k 条支路的电压 u_k 和电流 i_k 已知,那么这条支路就可以用一个具有电压等于 u_k 的独立电压源替代,或者用一个具有电流等于 i_k 的独立电流源替代,替代后电路中全部电压和电流均保持原值。定理中所提到的第 k 条支路可以是无源的,也可以是含源的。值得注意的是,替代前后的各支路电压和电流均应唯一,而原电路的全部电压和电流又将满足新电路的全部约束关系,因此也就是后者的唯一解。替代定理可以推广至非线性电路。

特勒根定理是电路的基本定理,包含以下两部分。

定理 1(又名功率守恒定理):对于具有 n 个结点、b 条支路的网络 N,其支路电压、支路电流向量分别为 $\boldsymbol{u} = [u_1 \cdots u_b]^{\mathrm{T}}, \boldsymbol{i} = [i_1 \cdots i_b]^{\mathrm{T}}$,且各支路电压与电流参考方向相关联。则 $\boldsymbol{u}^{\mathrm{T}}\boldsymbol{i} = \boldsymbol{0}$ 或 $\boldsymbol{i}^{\mathrm{T}}\boldsymbol{u} = \boldsymbol{0}$。即 $\sum\limits_{k=1}^{b} u_k i_k = 0$。

定理 2(又名似功率守恒定理):对于网络 N 和 $\hat{\mathrm{N}}$,可以由不同的元器件构成,但它们具有相同的结构,即 $A = \hat{A}$,其中各网络的支路电压、支路电流向量分别为 $\boldsymbol{u} = [u_1 \cdots u_b]^{\mathrm{T}}, \boldsymbol{i} = [i_1 \cdots i_b]^{\mathrm{T}}, \hat{\boldsymbol{u}} = [\hat{u}_1 \cdots \hat{u}_b]^{\mathrm{T}}, \hat{\boldsymbol{i}} = [\hat{i}_1 \cdots \hat{i}_b]^{\mathrm{T}}$,且各网络中支路上的电压与电流参考方向相关联,则 $\boldsymbol{u}^{\mathrm{T}}\hat{\boldsymbol{i}} = \boldsymbol{0}$ 或 $\hat{\boldsymbol{i}}^{\mathrm{T}}\boldsymbol{u} = \boldsymbol{0}$,即 $\sum\limits_{k=1}^{b} u_k \hat{i}_k = 0; \boldsymbol{u}^{\mathrm{T}}\hat{\boldsymbol{i}} = \boldsymbol{0}$,或 $\boldsymbol{i}^{\mathrm{T}}\hat{\boldsymbol{u}} = \boldsymbol{0}$,即 $\sum\limits_{k=1}^{b} \hat{u}_k i_k = 0$。

对于单一激励的不含受控源的线性电阻电路,互易定理有下述三种形式。

形式 1:在图 4.19 所示电路中,N 为仅由电阻组成的线性电阻,则有

$$\frac{i_2}{u_{\mathrm{S1}}} = \frac{i_1}{u_{\mathrm{S2}}}$$

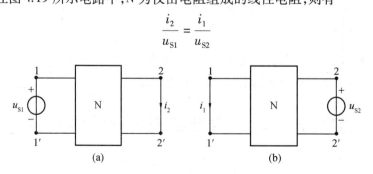

(a)   (b)

图 4.19 互易定理形式 1

形式 2:在图 4.20 所示电路中,N 为仅由电阻组成的线性电阻,则有

$$\frac{u_2}{i_{S1}} = \frac{u_1}{i_{S2}}$$

形式 3：在图 4.21 所示电路中，N 为仅由电阻组成的线性电阻，则有

$$\frac{u_2}{u_{S1}} = \frac{i_1}{i_{S2}}$$

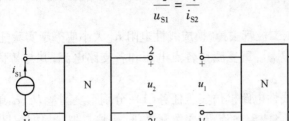

图 4.20   互易定理形式 2

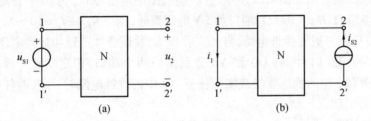

图 4.21   互易定理形式 3

三、实验任务

（1）实验任务（1）线路如图 4.22 所示，其中，R_1、R_2、R_3 的标称值均为 510 Ω/4 W，R_4 的标称值为 1 kΩ/4 W，D_1 为稳压二极管，标称值为 5 V/1 W。电压源 $U_S = 10$ V，$I_S = 5$ mA，为验证叠加定理，拟定测量步骤和表格，记录数据。请注意在各电源单独作用以及共同作用时稳压二极管的工作状态。

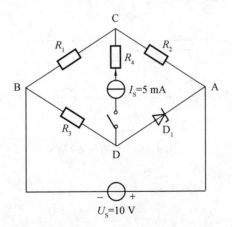

图 4.22   实验任务（1）

（2）调整电压源和电流源的数值,使稳压二极管在各电源单独作用以及共同作用时均处于截止状态,再次从实验数据中验证叠加定理。如果使稳压二极管在各电源单独作用以及共同作用时均处于稳压状态,则此时叠加定理是否成立。

（3）在实验任务（1）和实验任务（2）中,用电压源替代 U_{CD},用电流源替代 I_{AB},验证替代前后电路响应是否一致。

（4）将 AD 支路的稳压二极管去掉,换成线性电阻 R[大小应等于实验任务（3）中 U_S 和 I_S 共同作用时测得的 U_{AD}/I_{AD}],重复测量各点电压和各支路电流,并与替代前的数据进行比较。

（5）用上述替代后的线性电路模仿实验任务（1）,分别重复测量 U_S、I_S 单独作用及共同作用时,电路各点的电压和各支路电流,记录测量数据,表格自拟。根据测量结果,验证各支路电压、电流和功率是否符合叠加原理。

（6）利用实验任务（1）、实验任务（3）和实验任务（4）的测量数据验证特勒根定理。

（7）将稳压二极管用如图 4.23 所示电路代替,图中电压源 U_{cb} 为 15 V 直流稳压电源,两个电位器均为 330 Ω,$R_{e1} = 100$ Ω,端口加 5 V 电压源时,调节 R_{e2} 使 $I_c = 10$ mA,除去 5 V 电压源后,将其代替稳压二极管接进电路,自拟实验步骤,验证叠加定理和替代定理。

（8）在实验任务（1）中,将 CD 和 AB 分别作为两个端口,拟定实验步骤,验证互易定理。当实验任务（1）中的稳压管换成实验任务（4）中的线性电阻时,用实验任务（7）中的电路再次验证互易定理。

（9）拓展性实验:设计一个包含非线性元器件（二极管或三极管）的电路,拟定实验步骤,验证叠加定理、替代定理和互易定理。

（10）拓展性实验:在如图 4.24（a）所示的电路中,$R_c = 5.1$ kΩ,$R_e = 1$ kΩ,$R_{b1} = 20$ kΩ + 100 kΩ（电位器）,$R_{b2} = 18$ kΩ,晶体管 3DK4,$U_{CC} = 12$ V,调节 R_{b1} 中的电位器使 $I_{CC} = 1$ mA。图 4.24（a）的等效电路如图 4.24（b）所示,其中,晶体管由 $R_1 = 3$ kΩ 和 $R_3 = 2.7$ kΩ 两个电阻代替;图 4.24（c）与图 4.24（a）和图 4.24（b）具有相同的拓扑结构,但是,R_1 和 R_2 不同于图 4.24（b）的数值。拟出实验步骤,验证特勒根定理。

（11）拓展性实验:设计一个包含受控源的电路,并拟出实验步骤,验证叠加定理、替代定理和互易定理。

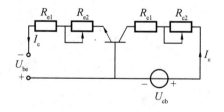

图 4.23　实验任务（7）

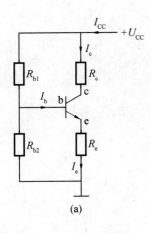
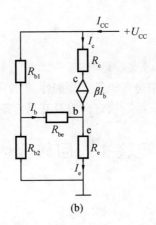
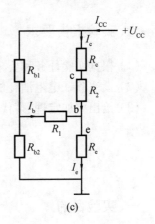

(a)   (b)   (c)

图 4.24   实验任务（10）

四、实验仪器与元器件

本实验所需仪器与元器件见表 4.14。

表 4.14   实验仪器与元器件

序号	名称	数量	型号
1	数字万用表	1 台	Fluke 17B +
2	电路实验台	1 台	—
3	电阻器若干	若干	—
4	晶体管	若干	3DK4
5	直流稳压电源	1 台	DP832A
6	恒流源	1 台	SL1500
7	可调电阻器	若干	—
8	短接桥和连接导线	若干	P8 – 1 和 50148
9	实验用 9 孔插件方板	1 块	300 mm × 298 mm

五、预习思考及注意事项

（1）如果将与电流源 I_S 串接的 510 Ω 电阻换成其他阻值，将对电路中各支路的电流有何影响？

（2）在进行叠加定理的实验时，对不作用的电压源和电流源应如何处理？如果它们有内电阻或内电导，又应如何处理？

（3）要注意晶体管的极性和所施加的电压源的大小和极性，不能接反。

（4）在电路中接入受控源时，要注意应满足集成运算放大器的工作要求和电路中所允许的电流值。

六、实验报告要求

（1）根据实验任务和要求，完成实验。

（2）设法验证电阻消耗的功率是否也具有叠加性。

（3）给出叠加定理、替代定理、特勒根定理以及互易定理的有关结论。

实验 4　回转器

一、实验目的

（1）学习回转器的测试方法。

（2）理解并掌握回转器的特性。

二、实验预习要求

（1）复习回转器的相关知识。

（2）阅读实验指导书，理解实验原理，了解实验步骤。

三、实验仪器与元器件

本实验所需仪器与元器件见表 4.15。

表 4.15　实验仪器与元器件

序号	名称	数量	型号
1	信号发生器	1 台	TFG6960A
2	示波器	1 台	是德 DSOX2014A
3	数字万用表	4 块	Fluke 17B +
4	可调直流电源	1 台	DP832A
5	电阻器	1 个	2 kΩ
6	可变电阻器	1 只	—
7	可变电容器	1 只	—
8	短接桥和连接导线	若干	P8 – 1 和 50148
9	实验用 9 孔插件方板	1 块	300 mm × 298 mm

四、实验原理

1.回转器

回转器是一种新型线性非互易的二端口元件，如图 4.25 所示。其特性表现为能将一端口上的电压（或电流）"回转"为另一端口上的电流（或电压）。端口间电压与电流的关系可

表示为

$$\begin{cases} u_1 = -r_1 i_2 \\ u_2 = r_2 i_1 \end{cases} \text{或} \begin{cases} i_1 = g_2 u_2 \\ i_2 = -g_1 u_1 \end{cases}$$

式中，r_1、r_2 称为回转电阻（或回转比）；g_1、g_2 称为回转电导。且 $g_1 = 1/r_1$，$g_2 = 1/r_2$。对于理想的回转器有 $r_1 = r_2$，$g_1 = g_2$。

由端口电压、电流间的关系式可知，理想的回转器可以等效为电流控制电压源或者电压控制电流源，等效电路如图 4.26 所示。

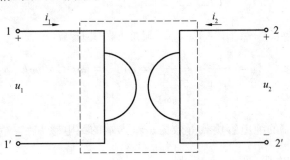

图 4.25　回转器

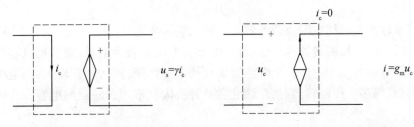

(a) 电流控制电压源等效回转电路　　　(b) 电压控制电流源等效回转电路

图 4.26　回转器等效电路

理想回转器是不储能、不耗能的无源线性二端口元件，因此任一瞬间输入理想回转器的功率均有 $u_1 i_1 + u_2 i_2 = -r i_1 i_2 + r i_1 i_2 = 0$。在实际回转器中，由于不完全对称，$g_1$ 和 g_2 数值上会存在一定差异，可以通过测量实际回转器的端口电压和电流后计算得出具体的回转电导。

2.回转器的逆变性

在如图 4.27 中，u_1 是正弦交流输入，当回转器的 $2-2'$ 端接入阻抗负载 Z_L 时，则 $1-1'$ 端的输入阻抗为

$$Z_{in} = \frac{u_1}{i_1} = \frac{-\dfrac{1}{g} i_2}{g u_2} = \frac{1}{g^2}\left(-\frac{i_2}{u_2}\right) = \frac{1}{g^2 Z_L}$$

即

$$Z_{in} = \frac{1}{g^2 Z_L} = r^2 \frac{1}{Z_L}$$

若阻抗负载是纯电容，即 $Z_L = \dfrac{1}{j\omega C}$，则

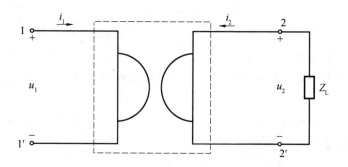

图 4.27　　接有阻抗负载的回转器

$$Z_{\text{in}} = \frac{1}{g^2 Z_L} = \frac{1}{g^2 \dfrac{1}{\mathrm{j}\omega C}} = \mathrm{j}\omega \frac{C}{g^2} = \mathrm{j}\omega r^2 C = \mathrm{j}\omega L$$

因此,回转器将输出端的纯电容负载等效为了输入端的纯电感 $L = \dfrac{C}{g^2} = r^2 C$。

若阻抗负载是纯电阻,即 $Z_L = R_L$,则

$$Z_{\text{in}} = \frac{1}{g^2 R_L} = r^2 \frac{1}{R_L}$$

因此,回转器将输出端的纯电阻负载等效为了输入端的纯电导。

通过上述推导可见,回转器具有逆变性,能够将电阻等效为电导;能够把电容回转为电感。在微电子电路中,由于制造一个电感器要有铁芯和线圈,所占体积较大,制造电容器比制造电感器容易得多。而回转器有容感倒逆的特性,因此常用回转器与电容作为等效电感使用。

3.回转器的实现

回转器可以用晶体管或者集成运算放大器等有源元器件来实现。如图 4.28 所示电路用两个集成运算放大器构成了回转器电路,其中 $R_1 = R_2 = R_3 = R_4 = 1\ \text{k}\Omega$。

由图 4.28 可见

$$i_2 = \frac{u_2 - u_4}{R_1} \tag{4.7}$$

对于集成运算放大器 N_1,根据集成运算放大器"虚短"的特性可知,其节点 3 与端点 2 的电压相同,即 $u_2 = u_3$,根据 KCL, $i_1 = -\dfrac{u_2}{R_3}$。

由叠加定理可得节点 3 的电压 u_3 为

$$u_3 = u_2 = \frac{R_2}{R_2 + R_4} u_4 + \frac{R_4}{R_2 + R_4}(u_1 + u_2)$$

整理后可得

$$u_2 - u_4 = \frac{R_4}{R_2} u_1$$

将上式代入式(4.7) 可得

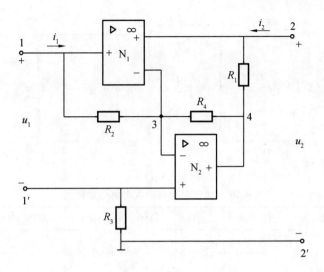

图 4.28   用集成运算放大器实现回转器

$$i_2 = \frac{R_4}{R_1 R_2} u_1$$

若 $R_1 R_2 = R_3 R_4$,则有

$$\begin{cases} i_1 = -\dfrac{u_2}{R_3} \\[3mm] i_2 = \dfrac{1}{R_3} u_1 \end{cases}$$

因此回转电导为

$$g = \frac{1}{R_3}$$

上述推论是基于 $R_1 = R_2 = R_3 = R_4 = 1\ k\Omega$ 的前提下进行的,实际电路当中由于同规格的电阻存在一定的差异性和离散性,导致电路电阻 R_1、R_2、R_3、R_4 不可能完全相等,因此图 4.28 中所示的回转器不是理想的,即 $g_1 \approx g_2$。

五、实验内容

1.测量回转器的回转电导和输入电阻

回转电导和输入电阻测量电路如图 4.29 所示,图中 $R = 2\ k\Omega$、$R_L = 2\ k\Omega$,u_s 为交流正弦电压源。

按照图 4.29 接线,首先测量电阻 R 和 R_L 的实际值,并记录于表 4.16 中。固定交流正弦电压源 u_s 的频率为 3 kHz,并从低到高逐渐以 0.5 V 为步长增加该正弦信号有效值,测量此时的 u_1、u_2 和 u_R 的有效值 U_1、U_2 和 U_R。根据 U_1、U_2 和 U_R 以及 R 和 R_L 的实际值,计算电流 i_1、i_2 的有效值 I_1、I_2,填入表 4.16,计算回转电导 g_1、g_2 和输入电阻 R_{in},并与理论计算值进行比较,重复该实验直至 u_s 幅值达到 3 V。回转电导 g 取 g_1、g_2 的平均值。

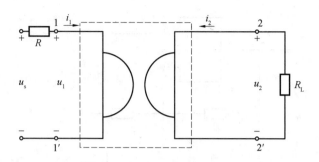

图 4.29   回转电导和输入电阻测量电路
表 4.16   回转电导和输入电阻测量数据

U_1/V	U_2/V	U_R/V	I_1/A	I_2/A	g_1/S	g_2/S	g/S	R_{in}/Ω

$R($实际值$) = \qquad \Omega$, $R_L($实际值$) = \qquad \Omega$

2.等效电感的测量

等效电感测量电路如图 4.30 所示,图中 $R = 2$ kΩ、$C_L = 1$ μF,u_s 为交流正弦电压源。

按照图 4.30 接线,首先测量电阻 R 的实际值,并记录于表 4.17 中。固定交流正弦电压源 u_s 的有效值为 3 V,并从低到高逐渐增加该正弦信号的频率,用示波器观察不同频率时输入电压 u_1 和输入电流 i_1 的波形和相位关系,并测量 u_R 和 u_1 的有效值 U_R 和 U_1,然后根据 U_R 和 R 的实际值计算 i_1 的有效值 I_1,填入表 4.17,等效电感取平均值,并与理论计算值进行比较。

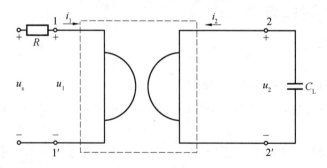

图 4.30   等效电感测量电路

从低到高逐渐增加正弦信号 u_s 的频率,用示液器观察不同频率时输入电压 u_1 和输入电流 i_1 的波形和相位关系,并测量 u_R 和 u_1 的有效值 U_R 和 U_1,然后根据 U_R 和 R 的实际值计算 i_1 的有效值 I_1,填入表 4.17,等效电感取平均值,并与理论计算值进行比较。

表 4.17   等效电感测试数据

f_s/ kHz	U_1/V	U_R/V	I_1/A	L/H

$$\overline{L} = \qquad H, R(\text{实际值}) = \qquad \Omega$$

六、实验注意事项

（1）回转器电路的电源极性及工作电压不能接错，以免损坏集成运算放大器。

（2）交流电源的输出不能太大，否则集成运算放大器饱和，正弦电压波形出现畸变，影响实验测量准确性。

（3）注意信号源和示波器公共接地点的选取。

（4）更换电路时，必须首先切断电源，不可带电更改线路。

七、实验思考题

（1）理想回转器由有源元器件（集成运算放大器）构成，为什么称回转器为无源元器件？

（2）为什么当实际回转器的回转电导不相等时，该回转器称为有源回转器？

八、实验报告要求

（1）根据测量结果，算出回转器的回转电导、输入阻抗，并与理论值相比较。

（2）描绘模拟电感器的 $u - i$ 波形，解释相位超前滞后关系。

（3）比较电感实测值和理论值（计算电感数值时，回转电导取实测数值）。

实验 5   负阻抗变换器

一、实验目的

（1）理解负阻抗变换器的电路原理。

（2）学习负阻抗变换器的测量方法。

（3）了解负阻抗变换器的特性和应用。

二、实验预习要求

(1) 复习负阻抗变换器的相关知识。
(2) 阅读实验指导书,理解实验原理,了解实验步骤。

三、实验仪器与元器件

本实验所需仪器与元器件见表 4.18。

表 4.18　实验仪器与元器件

序号	名称	数量	型号
1	数字万用表	1 块	Fluke 17B +
2	可调直流电源	1 台	PP832A
3	电阻器	1 个	200 Ω
4	可变电阻器	1 只	—
5	短接桥和连接导线	若干	P8 - 1 和 50148
6	实验用 9 孔插件方板	1 块	300 mm × 298 mm

四、实验原理

1.负阻抗变换器及其性质

负阻抗变换器,简称 NIC,是一个能将阻抗按一定比例进行变换并改变其符号的二端口元件器。按有源网络输入电压、电流与输出电压、电流的关系,可分为电流反向型(INC) 和电压反向型(VNC) 两种,电路模型如图 4.31 所示。

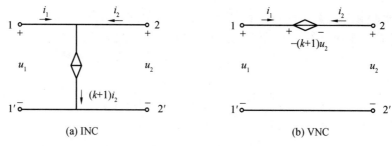

(a) INC　　　　　　　　　　　　(b) VNC

图 4.31　负阻抗变换器的两种电路模型

对于电流反向型负阻抗变换器而言,负阻抗变换器的电压、电流关系为

$$\begin{cases} u_1 = u_2 \\ i_1 = ki_2 \end{cases}$$

式中,k 为电流增益。

同理,对于电压反向型负阻抗变换器则有

$$\begin{cases} u_1 = -ku_2 \\ i_1 = -i_2 \end{cases}$$

式中,k 为电压增益。

根据 INC、VNC 的电压、电流关系可知,将负载阻抗 Z_L 接在负阻抗变换器的输出端时 (图 4.32),输入阻抗为

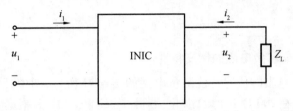

图 4.32   INC 负载转换

INC 型

$$Z_i = \frac{u_1}{i_1} = \frac{u_2}{ki_2} = -\frac{Z_L}{k}$$

VNC 型

$$Z_i = \frac{u_1}{i_1} = \frac{-ku_2}{i_2} = -kZ_L$$

由上述公式推导可见,负阻抗变换器具有按一定比例转变阻抗极性的性质。

2.负阻抗变换器电路的实现

本实验所用的负阻抗变换器是由运算放大器来实现的电流反向型变换器,如图 4.33 所示。

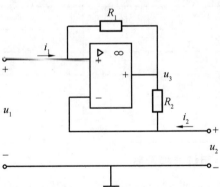

图 4.33   用运算放大器组成的 INC 电路

根据运算放大器"虚短""虚断"的特性可知

$$u_1 = u_+ = u_- = u_2,\text{即 } u_1 = u_2$$

$$\begin{cases} i_1 = \dfrac{u_1 - u_3}{R_1} \\ i_2 = \dfrac{u_2 - u_3}{R_2} = \dfrac{u_1 - u_3}{R_2} \end{cases}$$

$$\frac{i_1}{i_2} = \frac{R_2}{R_1}, \quad i_1 = \frac{R_2}{R_1} i_2 = k i_2, \quad k = \frac{R_2}{R_1}$$

$$Z_i = \frac{u_1}{i_1}$$

可取 $R_1 = R_2 = 1 \text{ k}\Omega, k = 1$。

五、实验内容

1.测量电流增益 k 和负电阻的伏安特性

电流增益 k 和负电阻的伏安特性测量电路如图 4.34 所示,图中开关 S 断开,直流电压 $U_1 = +2 \text{ V}$。调节 R_L 在 200 Ω ~ 1 kΩ 变化,测量 U_1、U_2 和 I_1、I_2,并根据测量数据计算电流增益 k 和输入电阻 R_i,填入表 4.19 中。

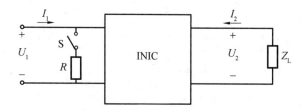

图 4.34   电流增益 k 和负电阻的伏安特性测量电路

表 4.19   电流增益 k 和负电阻的伏安特性测量数据

R_L/Ω							
U_1/V							
U_2/V							
I_1/A							
I_2/A							
k							
R_i/Ω							

$$\bar{k} =$$

2.测量负阻抗变换器负阻抗变换性质

测量电路仍如图 4.34 所示,此时开关 S 闭合,$R_L = 200 \Omega$,直流电压 $U_1 = +2\text{V}$。调节 R 在 80 Ω ~ 1 kΩ 变化,测量 U_1 和 I_1,根据测量数据计算输入电阻 R_i,填入表 4.20 中。

表 4.20   负阻抗变换性质测量数据

R_L/Ω							
U_1/V							
I_1/A							
R_i/Ω							

$$R = \qquad \Omega$$

六、实验注意事项

(1) 负阻抗变换器的电源极性及工作电压不能接错,以免损坏集成运算放大器。
(2) 更换实验内容时,必须首先关断实验板的供电电源,不可带电操作。
(3) 注意信号源和示波器公共接地点的选取。
(4) 输入电压不能太大,否则集成运算放大器饱和,影响实验测量的准确性。

七、实验思考题

(1) 是否可采用正弦交流信号测量负电阻的伏安特性?为什么?
(2) 正电阻和负电阻两者有何不同?
(3) 负阻抗元器件在工作时是吸收还是发出功率?它的能量从何而来?与正阻抗有何不同?

实验 6 温度控制与报警电路

一、研究目的

(1) 理解并掌握由运算放大器构成的控制电路的设计和调试。
(2) 学习晶闸管的控制特性和应用。
(3) 学习 LED 的使用方法,熟悉设计以 LED 为基本元器件的光报警电路。

二、预备知识

(1) 熟练掌握非线性电路的分析方法与应用。
(2) 熟悉非电信号转换为电信号的电路设计。
(3) 阅读实验指导书,理解实验原理,了解实验步骤。

三、实验仪器及元器件

本实验所需仪器与元器件见表 4.21。

表 4.21　实验仪器与元器件

序号	名称	数量	型号
1	信号发生器	1 台	TFG6960A
2	示波器	1 台	是德 DSOX2014A
3	数字万用表	1 块	Fluke 17B +
4	可调直流电源	1 台	DP832A
5	铂电阻器	1 个	—
6	电热丝	若干	—

续表4.21

序号	名称	数量	型号
7	电阻器	若干	—
8	电容器	若干	—
9	开关	若干	—
10	LED	若干	—
11	电吹风	1 只	—

四、研究提示

1.温度控制电路

温度控制系统通常由温度信号检测模块、控制模块、散热模块和加热模块等组成。温度控制电路是为了保证被控制的目标的温度保持在一定的范围内。

加热功能的实现,可以采用含继电器或晶闸管等器件的控制电路,达到升温的目的。电加热有多种方式实现,可采用含运算放大器的电压－电流变换电路,如图 4.35 所示,电路中采用 NPN 型双极晶体管 T。根据图 4.35 电路可知,对于输入电压 u_1,负载 R_L 上的电流为

$$i_L = \frac{u_1 - V_{be}}{R_L}$$

由上式可知,当输入电压 u_1 变化时,负载上的功率也随之变化。若输入电压 u_1 与温差正相关,温差越大则加热器上的功率越大;反之,温差减小,则加热器上的功率也相应变小。

图 4.35 中的电路实现了温度控制系统的加热功率随着温差的变化而变化,有利于温度的稳定控制,但由于负载 R_L 上的电压为输入电压 u_1 减去基极与发射极之间的电压,且 u_1 低于 U_{CC},因此该电路存在加热输出功率相对较小的缺点,为了获得较大的输出功率,可以采用如图 4.36 所示的电路。在图 4.36 的电路中,输入信号 u_1 大于 0 时,运算放大器的输出饱和电压使晶闸管导通,由供电电压源 U_{CC} 为负载加热提供电功率,因此可以提供相对较大的功率,但同时系统控制性能相对较差。

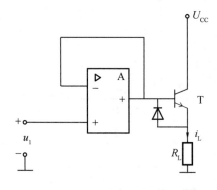

图 4.35　电压－电流变换电路图

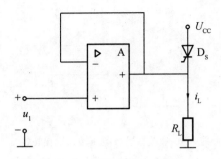

图 4.36 简单的控制电路

当温度检测信号高于预期的温度设定值时,此时系统需要散热。散热功能的实现,可以通过控制信号控制继电器或晶闸管等控制器件,将电风扇等散热器件通电工作,达到散热的目的。

2.温度检测电路

温度检测电路可通过温度测量电桥实现,如图 4.37 所示。

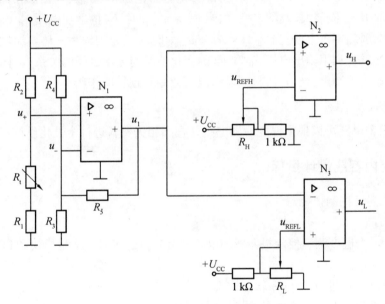

图 4.37 温度检测电路

假设运算放大器为理想元器件,且其工作电压为 + 5 ~ 15 V,电压输入输出特性如图 4.38 所示,其中 u_d 为运算放大器同相输入端与反相输入端电压之差,u_o 为运算放大器输出电压。

图 4.37 中测量温度的电阻为铂电阻 R_t,通常在 0 ~ 850 ℃ 之间,铂电阻值随温度 $T(℃)$ 变化的关系式为

$$R_t = (100 + A \cdot T + B \cdot T^2) \ \Omega$$

式中,$A = 3.908\ 02 \times 10^{-3}$;$B = -5.80 \times 10^{-7}$。

从表达式可以看出铂电阻的阻值随着温度的变化而变化,且铂电阻与温度呈非线性关系。通过采用图 4.37 中所示的电桥形式,可以将非电量温度变化所引起的铂电阻 R_t 阻值的

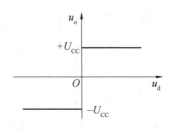

图 4.38　理想运放电压输入输出特性

变化转化成电压信号,然后通过运算放大器电路将此变化量放大输出,实现了非电量信号"温度"的电测量。

由于铂电阻的阻值与温度相关,所以 N_1 的输出信号 u_1 也随温度变化,通过含运算放大器 N_2 和 N_3 的电路,并选择合适的电阻 R_H 和 R_L、参考电压 u_{REFH} 和 u_{REFL},可以获得控制或显示用的电压信号 u_H 和 u_L。

温度较低时,R_t 很小,由串联分压公式可知,u_+ 较小。由于 u_+ 接入 N_1 的同相输入端,因此 N_1 的输出电压 u_1 很小。当 $u_1 < u_{REFL}$ 时,N_3 的输出电压 u_L 约为 $+U_{CC}$,加热器开始工作,温度上升,此时 R_t 阻值增大,u_1 随之变大;当 $u_1 > u_{REFH}$ 时,N_2 的输出电压 u_H 约为 $+U_{CC}$,加热器停止工作,温度不再上升;当 $u_{REFL} < u_1 < u_{REFH}$ 时,u_H、u_L 均约为 $-U_{CC}$,加热器不工作。

根据上述分析,利用输出电压 u_H 和 u_L 的变化情况与温度之间的关系,可将非电量转换为电信号,并通过控制声、光信号,起到显示温度范围和预警的作用。

3.LED 光报警电路

LED 光报警电路可以根据温度检测电路并查阅相关资料进行个性化设计。

五、研究内容或设计目标

设计一个温度控制报警器。

任务要求:

(1)设计一个温度测量控制报警器的电路图,包含加热模块、测量模块和 LED 温度显示模块。

(2)对电路设计进行 PSpice 软件仿真。

(3)进行温度控制与报警实验测试及误差分析。

六、注意事项

(1)铂电阻的温度特性是非线性的,测量电压与温度的对应关系也是非线性的,且在不同的温度范围上,铂电阻的阻值与温度对应关系不同。

(2)注意双极晶体管和晶闸管的使用方法。

(3)对于加热电路,须注意加热功率大小。

七、研究报告要求

(1)通过查阅相关资料,学习非线性电阻的相关知识,以及非电量转化为电信号的方法和实际应用。

（2）设计加热或散热电路时，根据电路元器件的工作原理和电路所需提供的功率确定电路参数选择依据。

（3）详细记录实验数据，整理原始数据，对记录数据进行计算、分析和处理，并与理论计算结果进行比较，分析误差产生的原因。

实验 7   自主学习模式下探究型实验的研究

自主设计型实验是在基本实验项目型实验的基础上进行的综合性实验训练。它要求学生深入理解所自拟实验题目的实验任务与要求，了解完成实验任务所依据的基本原理和方法，通过查阅资料设计性能优异的实施方案，把实施方案转变为实际电路、组织实验、撰写报告、实验总结等过程，获取新的知识和经验，使得实践能力、电路设计和电路实现能力得到系统的提高和锻炼。

完成自主设计型实验需要综合考虑和研究的因素很多。如，如何借鉴他人的经验，结合自己的知识、能力和实验室现有的条件，研究出具有创意的实验方案；如何从繁多的元器件中正确选择和使用元器件；如何正确选择和使用实验仪器仪表。这些都是自主设计型实验需要研究和考虑的问题。本实验旨在使学生逐步养成良好的研究习惯，通过实验培养学生的研究型思维和综合运用所学基础知识解决实际问题的能力。

一、制定实验方案

自主设计型实验要运用所学的电路理论基础知识和实验操作技能，选择和设计电路。自主设计型实验是综合运用电路理论知识和实验技能的过程，只有全面考虑获得准确测量结果的各种因素，才能很好地完成实验任务。按所设计的实验电路进行测试过程中，由于经验不足或考虑不全面，可能会出现各种实际问题。诊断与排除故障使电路能正常工作是自主设计型实验的重要环节。制定实验方案应考虑以下因素：

（1）实验结果的准确度要求。基于一定原理和方法的测量，其仪表误差限和方法误差是可以估算的，因此制定实验方案主要考虑被测量的大小、仪表的基本误差和仪表内阻的影响、量程等。

（2）实验设备和元器件的制约。制定实验方案要充分考虑实验中仪器设备的能力、元器件的实际规格和精度，以及它们在使用中的限制条件。

（3）实验和数据处理方便与否。同一实验要求可以直接测量也可以间接测量，可以单次测量也可以多次测量，还可以根据这个量与其他量的关系测量曲线来获得这个量。因此，操作是否方便，数据量多少是选择实验方案的重要因素。

（4）灵活运用基本实验项目型实验的内容，设计性能优异的实验方案。

[例 4.1]   变压器参数及特性测试。

变压器的特性和工作原理部分相关的实验研究题目如下，可参考制定相应的实验方案。

（1）空载特性测试 $U_1 = f(I_1)$。注意为保证安全，空载实验一般选低压侧进行，即低压绕组加电压，高压绕组开路。

（2）外特性测试 $U_2 = f(I_2)$。负载外特性一般高压绕组加电压,低压绕组加负载。当变压器带负载时,其输出电压将随负载电流的增加而降低。

（3）变压器阻抗变换作用。变压器二次侧分别接入量值合理的电阻器、电容器、电感器3种元器件,测量一次侧二次侧的电压峰值、电流峰值和相位,分析变压器变换阻抗的作用。

（4）铁芯磁饱和对磁化电流的影响。将一端线圈接至正弦电压源,调整励磁电压大小,观察记录其磁化电流的变化,分析铁芯磁饱和对磁化电流的畸变影响,变压器示意图如图4.39所示。

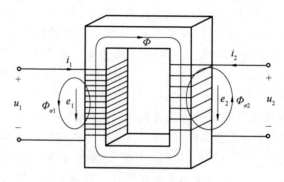

图 4.39　　变压器示意图

[**例 4.2**]　　耦合谐振电路特性研究。

耦合谐振电路(如图4.40所示)比普通的RLC串联电路(如图4.41所示)具有更宽的通频带。为研究耦合电路的特性,可配合 OrCAD PSpice 仿真软件先进行结果分析和参数优化。最终通过实验将耦合谐振电路的幅频特性曲线与RLC串联电路的幅频特性曲线做对比分析。

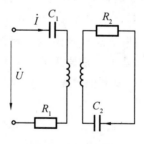

图 4.40　　耦合谐振电路

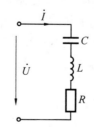

图 4.41　　RLC 串联电路

二、实验元器件和仪器设备的选择

（1）在实验中要合理地选用仪器仪表，应核对仪器设备的规格、精度，记录其技术指标。只有在满足仪器仪表技术条件的情况下，才可能获得较高精度的测量结果。

（2）仪器仪表内阻对测量结果的影响。仪器仪表内阻是指仪器仪表在工作状态下，在其两个端子间所呈现的等效电阻或阻抗。在精确测量时，由于内阻会改变被测电路的工作状态，必须考虑仪器仪表所引起的测量误差，并修正测量值。

（3）元器件的耐压值、允许最大功率等指标可参考实验台的仪器元器件使用手册进行选择。

三、实验要求

（1）根据电路所学知识和实验室现有硬件设备及元器件，自主设计实验题目、实验目的、实验方案、实验步骤（具体），并记录和分析实验结果。

（2）实验方案拟定后，可先通过计算分析或仿真优化得到大致结果（记录报告中），淘汰不合理方案，调整实验参数和实验条件，减轻操作工作量。

（3）同一实验要求可以直接测量也可以间接测量，可以单次测量也可以多次测量，还可根据量值之间的关系测量曲线来获得最终结果。

（4）具有创意的实验方案有加分，操作时间不局限于最后一次实验课（与实验老师协商）。

参考文献

［1］孙立山,陈希友. 电路理论基础［M］. 4 版. 北京:高等教育出版社,2013.

［2］刘东梅. 电路实验教程［M］. 2 版. 北京:机械工业出版社,2013.

［3］姚缨英. 电路实验教程［M］. 3 版. 北京:高等教育出版社,2006.

［4］王勤,王芸. 电路实验与实践［M］. 2 版. 北京:高等教育出版社,2014.

［5］于建国. 电路实验教程［M］. 北京:高等教育出版社,2008.

［6］张峰,吴月梅. 电路实验教程［M］. 北京:高等教育出版社,2008.